U0085540

APPLIED
MECHANICS
DYNAMICS

應用力學

——動力學

金佩傑 著

三民書局

前　言

　　本書延續《應用力學──靜力學》之內容，共分為八章：第一章為動力學之簡介；第二章介紹質點之運動學；第三章到第五章則涵蓋質點運動力學之範圍，分別探討牛頓運動定律、功與能原理及衝量與動量原理；第六章介紹剛體之平面運動學；第七章與第八章則為剛體之平面運動力學，其中第七章探討剛體之受力與加速度之間的關係，而第八章則介紹分析剛體平面運動之能量法與動量法。

　　本書在編排上仍沿襲《應用力學──靜力學》之格式，於各章中之重要理論或觀念敘述之後，輔以例題之對照及印證，以及習題之思考及演練，配合書末所附習題之答案，應可建立對動力學完整之基本觀念及正確的分析運用。

　　由於動力學所涵蓋的範圍極為廣泛，配合大學或技術學院一個學期有限的授課時間，如欲將授課內容與學習者的學習效果同時達到最大與最佳化，則在內容上無可避免的必須有所取捨。因此對一些可以併入其他相關課程的主題如流體力學、太空力學及振動學的部份均不包含在本書的範圍之內，而剛體之空間運動學及空間運動力學的部份，考慮其範圍及複雜性，亦暫時不予編入，若確有需要將於再版修訂時加以增編。

　　本書編寫雖經反覆校對並力求完美，但謬誤之處在所難免，尚祈各位讀者及學界先進能不吝指教，不勝感激！

應用力學──動力學

目 次

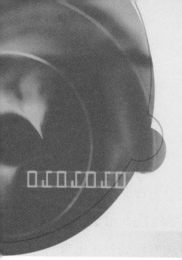

第一章
動力學概論

🌐 1–1　從靜力學到動力學

在《應用力學──靜力學》中所探討及分析的對象，基本上是假設質點或剛體可以保持平衡的情況；換句話說，在靜力平衡狀態下外力作用於質點或剛體的合力等於零。而根據牛頓第一定律 (Newton's First Law)（慣性定律 (Law of Inertia)）可知，處於平衡 (balance) 之質點或剛體其運動狀態必定為靜止或作等速度（直線）運動。可見得整個靜力學其實是圍繞著靜力平衡或外力之合力等於零的觀念，對質點而言，可以由

$$\Sigma \vec{F} = 0 \tag{1-1}$$

來表示；而對剛體而言則是

$$\begin{cases} \Sigma \vec{F} = 0 \\ \Sigma \vec{M} = 0 \end{cases} \tag{1-2}$$

若是外力的合力不為零，即 (1–1) 或 (1–2) 式等號右邊不為零，則平衡的狀態將無法繼續維持，此種情況依牛頓第二定律 (Newton's Second Law)（運動定律 (Law of Motion)）可知質點或剛體將會沿外力的方向產生加速度，而這種加速度運動的產生對質點或剛體而言，不僅其速度的大小可能隨之變化，其速度的方向亦有可能改變。總而言之，整個動力學所探討及分析的情況不再是一個平衡的狀態，其運動狀態隨著時間不斷地在改變，而根據每一種不同情況的條件必需利用不同的方法加以分析，這些就是《應用力學──動力學》所涵蓋的範圍及內容。

🌀 1-2　基本理論

在靜力學中主要的基本理論，除了牛頓第一定律即慣性定律之外，尚有牛頓第三定律 (Newton's Third Law) 的作用與反作用力定律 (Law of Action and Reaction Forces)，後者主要用於分析過程中以找出平衡方程式並求出未知數。而在動力學中，主要的基本理論即是牛頓第二定律（運動定律），當然在分析求解的過程中仍會使用到牛頓第三定律。整體而言，牛頓第二定律即是整個動力學的精髓，所有的觀念及原理均源於牛頓第二定律。

圖 1-1 所示為動力學中所主要採用的分析理論，如前述可知牛頓第二定律為動力學理論之根源，接著可以分成能量法或動量法兩大分析方式。若採用能量法來分析動力學的問題，則可以由牛頓第二定律推導出功與能原理 (Principle of Work and Energy)，並進而推導出機械能守恆 (Conservation of Mechanical Energy) 或能量守恆。

若採用動量法來分析的話，則可由牛頓第二定律推導出衝量與動量原理 (Principle of Impulse and Momentum)，並可進一步得到動量守恆 (Conservation of Momentum)。

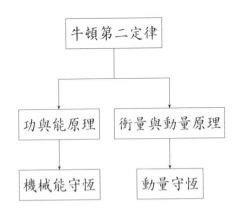

圖 1-1　動力學基本理論

🌀 1–3　範圍與章節

　　動力學 (Dynamics) 一般可以分為運動學 (Kinematics) 及運動力學 (Kinetics) 兩部份，前者只探討運動狀態，如位置、速度、加速度及時間的關係，因為不牽涉到質量，即不討論力的作用；而後者則探討作用於物體上之力量與物體所產生運動之間的關係。基本上本書內容之安排係先介紹質點再介紹剛體。質點之部份包括第二章之質點運動學；第三章到第五章為質點之運動力學。而剛體之運動學則安排於第六章，剛體之運動力學則涵蓋第七章與第八章。

🌀 1–4　如何學好動力學

　　動力學毫無疑問地較靜力學來得複雜且多變化，除了基本觀念要清楚之外，熟練的數學計算能力亦是不可或缺，這其中三角函數、向量幾何、微積分等均是常會用到的數學工具。但是在基本觀念及數學能力之間還有一塊需要填補的空間，這個極為重要的空間即是要將問題的定義及條件以數學方程式的型態表示出來，若無法作到這點，則空有良好的數學計算能力亦是無用武之地。

　　對動力學而言，要將所欲分析的問題表示成方程式，基本上一定要透過以下兩個重要步驟來加以達成。

1.作自由體圖

　　除了分析靜力平衡的問題需要利用到自由體圖之外，分析動力學的問題同樣亦得透過自由體圖的繪製才能進行。而這個步驟亦是初學動力學的人往往最容易忽略的地方。

　　在第三章中將詳細介紹動力學自由體圖的作法，並比較其與靜力學自由體圖之不同。

2.定義適當之座標系統

　　有了正確的座標系統的定義才有更進一步運動方程式的產生，而運動方程式所需要的運動變數及未知數均須依座標系統而定義。有關座標系統及其定義將在第二章中作詳盡之介紹。

　　圖1-2為分析一般動力學問題時所經常採用的步驟，由此過程中可以發現，良好的分析問題的觀念及數學運算的能力實在不是一蹴可幾的，唯有透過不斷地演練精進，才是學好動力學的不二法門。

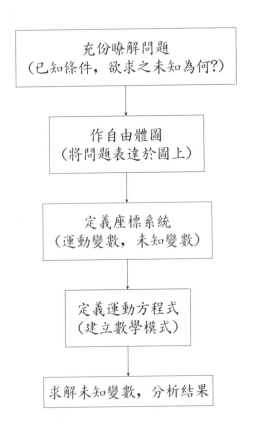

圖1-2　分析動力學問題之一般步驟及過程

習　題

1. 試簡述動力學與靜力學之間的差異。

2. 動力學所使用之基本理論及原理有那些? 並請說明其彼此間之關係。

3. 動力學一般可分為那兩個部份? 請簡要說明之。

4. 試舉出一般分析動力學問題時所採用之步驟及過程為何?

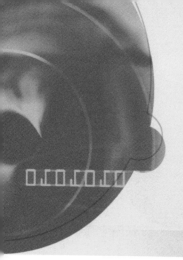

第二章
質點運動學

🌀 2–1　運動學概論

　　所謂**運動學** (Kinematics) 係指探討物體的運動狀態如位置、速度、加速度與時間之間的關係，在運動學中並不考慮物體的質量；換句話說，導致物體運動狀態改變的原因——外力的作用，並非運動學所要探討的對象。

　　在運動學中通常會將物體依其特性區分為質點或剛體兩者之一。以質點來表示物體代表物體的大小或幾何尺寸可以忽略，主要著眼的是物體的大小或幾何尺寸並不會影響其運動狀態分析的結果，且通常質點所在的位置即是質心的位置。而以剛體來表示物體，即代表物體之形狀及其幾何尺寸大小對於其本身的運動狀態有必然的影響，而由於動力學之範圍屬於剛體力學的一部份，故以剛體表示物體即不考慮外力作用下的物體變形，或物體變形極小可予以忽略。

　　圖 2–1 所示即為質點或剛體之不同。圖 2–1(a)中的物體在外力 $\vec{F}$ 作用下僅產生平移的運動，而此運動並不因物體的尺寸大小而有不同，故可以用質點來加以分析。而圖 2–1(b)中的物體在外力 $\vec{F}$ 作用下除了平移外尚有旋轉運動，且此旋轉運動會因為物體的幾何尺寸而有所不同，故應以剛體來加以分析。由上例的說明可以發現，質點與剛體取決於物體之運動是否具有旋轉，若不具有旋轉運動則以質點分析即可，反之若具有旋轉運動則須以剛體來加以分析。

　　本書將質點及剛體的運動學予以分開來加以探討，本章先討論質點之運動學；而剛體之運動學則在第六章中加以討論。

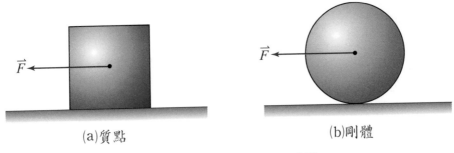

(a)質點　　　　　　　　　　　(b)剛體

圖 2-1　質點或剛體之區別

質點之運動學依質點之軌跡可區分為直線運動及曲線運動，除直線運動為一度空間之運動外，曲線運動尚可分為平面之二度空間曲線運動及空間之三度空間曲線運動。而為了有效描述質點之運動，應採用適當之座標系統，一般大都以直角座標系統 (Rectangular Coordinate System) 來描述質點之運動，而對於質點之曲線運動亦有採用曲線座標系統 (Curvilinear Coordinate System) 或圓柱座標系統 (Cylindrical Coordinate System)，其中應用於平面之圓柱座標系統即是所謂的極座標系統 (Polar Coordinate System)。

2-2　質點之直線運動

若質點運動之軌跡為直線則稱為直線運動，假設 x 軸為沿直線運動之方向，則 $x(t)$ 為在 t 時刻時質點之位置，若經過 Δt 的時間後，即在 $t + \Delta t$ 時刻，質點之位置為 $x'(t + \Delta t)$，如圖 2-2 所示，則可定義質點之位移 (displacement) Δx 為

$$\Delta x = x'(t + \Delta t) - x(t) \tag{2-1}$$

而質點之平均速度 (average velocity) v_{av} 則定義為單位時間內之位移，即

$$v_{av} = \frac{\Delta x}{\Delta t} = \frac{x'(t + \Delta t) - x(t)}{\Delta t} \tag{2-2}$$

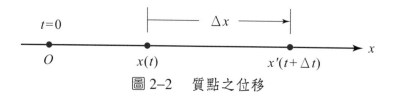

圖 2-2 質點之位移

上式 (2–2) 中若時間 Δt 趨近於 0 時, 則可定義為質點在時刻 t 之**瞬時速度** (instantaneous velocity) v, 則

$$v = \lim_{\Delta t \to 0} \frac{\Delta x}{\Delta t} = \frac{dx}{dt} \tag{2-3}$$

由 (2–3) 式可知速度 v 為位置 x 之一次微分。通常若無特別說明, 一般所稱的「速度」指的是瞬時速度, 而非平均速度。且由於位移與移動距離 (distance) s 並不一定相同, 故依速率 (speed) 之定義:

$$速率\ v = \frac{距離}{時間} = \frac{s}{\Delta t} \tag{2-4}$$

可知速度與速率在大小上並非完全相同, 更重要的是, 速度或位移是具有方向的物理量, 而距離或速率僅為純量, 在分析質點運動時應加以區別。

若質點在時刻 t 及 $t + \Delta t$ 之速度分別為 $v(t)$ 及 $v'(t + \Delta t)$, 則平均加速度 (average acceleration) a_{av} 為

$$a_{av} = \frac{v'(t + \Delta t) - v(t)}{\Delta t} \tag{2-5}$$

即單位時間內之速度變化量。依微分之定義, 當 Δt 趨近於零時, 平均加速度 a_{av} 可定義為在 t 時刻之**瞬時加速度** (instantaneous acceleration) a, 即

$$a = \lim_{\Delta t \to 0} \frac{v'(t + \Delta t) - v(t)}{\Delta t} = \frac{dv}{dt} \tag{2-6}$$

由上式 (2–6) 中可知加速度為速度對時間之一次微分, 而由 (2–3) 式, 可知加速度亦為位置對時間之兩次微分, 即

$$a = \frac{dv}{dt} = \frac{d}{dt}(\frac{dx}{dt}) = \frac{d^2x}{dt^2} \tag{2-7}$$

與速度之定義類似，一般所指的「加速度」為瞬時加速度，而非平均加速度，除非有另外之說明。

由 (2-3) 式亦可得

$$dt = \frac{dx}{v} \tag{2-8}$$

代入 (2-6) 式可得

$$a = \frac{dv}{(\frac{dx}{v})} = v\frac{dv}{dx} \tag{2-9}$$

(2-9) 式亦為經常被用來分析質點運動的方程式之一，其與其他方程式最大之不同為建立加速度與速度及位置之間的關係，而且並未用到時間 t，在某些問題的分析上為其有利之處。

若將前述之推導過程加以歸納整理，則可得如下之 (2-10) 式：

$$\left. \begin{array}{l} v = \dfrac{dx}{dt} \\[2mm] a = \dfrac{dv}{dt} = \dfrac{d^2x}{dt^2} \\[2mm] a = v\dfrac{dv}{dx} \end{array} \right\} \tag{2-10}$$

🌀 2-3　等速度與等加速度直線運動

由 §2-2 節可知速度為一具方向性之物理量，所以當質點作等速度運動時，不僅其速度之大小為定值，甚至於其運動方向亦維持固定不變；換句話說，等速度運動之質點其軌跡必定為直線，由

$$v = \frac{dx}{dt} = 定值 \tag{2-11}$$

則

$$dx = vdt \tag{2-12}$$

兩邊加以積分得

$$\int_{x_0}^{x} dx = v \int_{t_0}^{t} dt \tag{2-13}$$

即

$$x = x_0 + v(t - t_0) \tag{2-14}$$

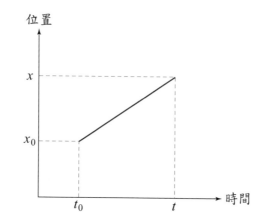

圖 2-3　等速度運動之位置時間關係圖

若質點之運動軌跡為直線且加速度為定值，則由

$$a = \frac{dv}{dt} = 定值 \tag{2-15}$$

可得下式

$$\int_{v_0}^{v} v = a \int_{t_0}^{t} dt \tag{2-16}$$

積分後可得

$$v = v_0 + a(t - t_0) \tag{2-17}$$

又由 $dx = vdt$，(2-17) 式可得

$$\int_{x_0}^{x} dx = v_0 \int_{t_0}^{t} dt + a \int_{t_0}^{t} (t - t_0)dt \tag{2-18}$$

積分後為

$$x = x_0 + v_0(t - t_0) + \frac{1}{2}a(t - t_0)^2 \tag{2-19}$$

圖 2-4 所示為等加速度直線運動之速度與時間之關係圖，其中速度之圖形與時間軸所圍之著色區域即是位移。

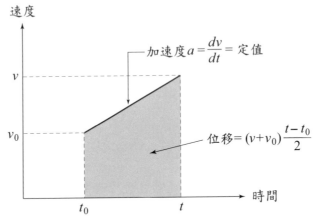

圖 2-4　等加速度直線運動之速度時間關係圖

將 (2-17) 式平方並與 (2-19) 式合併化簡後可得

$$v^2 = v_0^2 + 2a(x - x_0) \tag{2-20}$$

(2-17) 式、(2-19) 式及 (2-20) 式為經常用以計算等加速度直線運動之三個方程式，此三個方程式並不適用其他非等加速度直線運動之質點運動，

使用上應特別注意。不論等速度運動或等加速度直線運動均為直線運動之特殊情況，在實際之應用上除了地表附近之自由落體運動外並不多見，故對於一般之直線運動之分析仍應以 (2–10) 式為主。

例 題 2-1

已知地表附近之重力加速度值為 9.81 m/s^2，今將一物體於距地面 40 公尺處以 75 m/s 之速度垂直向上發射，若不計空氣阻力之影響，試求：

(a)此物體可到達距地面之最大高度為何？

(b)此物體回到地面需耗費多少時間？

解　(a)以向上之方向為正，則重力加速度 $a = -9.81$ m/s^2，由 (2-20) 式，

其中 $v = 0$, $v_0 = 75$ m/s, $x_0 = 40$ m，則

$$0 = 75^2 + 2(-9.81)(x - 40)$$

解得 $x = 326.7$ m

(b)由 (2-19) 式，其中 $x_0 = 40$ m, $t_0 = 0$, $v_0 = 75$, $a = -9.81$ m/s^2，則

$$0 = 40 + 75t + \frac{1}{2}(-9.81)t^2 \text{ 或 } 4.91t^2 - 75t - 40 = 0$$

解得 $t = \dfrac{75 \pm \sqrt{75^2 + 4 \times 4.91 \times 40}}{9.81} = 15.81$ 秒（負的不合）

例 題 2-2

已知一直線運動之質點其速度 v 與時間 t 之關係式為 $v = 0.3t^2 + 0.2t$，其中 t 之單位為秒，而 v 之單位為公尺/秒 (m/s)，若在 $t = 0$ 時，質點由原點起動，試求：

(a)在 $t = 2$ 秒時質點之加速度為何？

(b)在 $t = 2$ 秒時質點之位置為何？

(c)欲達到速度為 1.6 m/s 則需時若干？

(d)起動後何時質點會再度通過原點？

解 (a)由 $v = 0.3t^2 - 0.2t$，則加速度

$$a = \frac{dv}{dt} = 0.6t - 0.2$$

當 $t = 2$ s 時，

$$a = 1.2 - 0.2 = 1 \text{ m/s}^2$$

(b)由 $v = \frac{dx}{dt} = 0.3t^2 - 0.2t$，則

$$\int_0^x dx = \int_0^t (0.3t^2 - 0.2t) dt$$

得　$x = 0.1t^3 - 0.1t^2$

在 $t = 2$ s 時，

$$x = 0.1 \times 2^3 - 0.1 \times 2^2 = 0.4 \text{ m}$$

(c)由 $v = 0.3t^2 - 0.2t = 1.6$，則

$$3t^2 - 2t - 16 = 0 \text{ 或 } (t+2)(3t-8) = 0$$

故　$t = \frac{8}{3}$ 秒

(d)由(b)可知

$$x = 0.1t^3 - 0.1t^2 = 0$$

即　$0.1t^2(t-1) = 0$

故除了 $t = 0$ 由原點起動外，在 $t = 1$ 秒時質點會再度通過原點。

例 題 2-3

已知一質點之運動軌跡為直線，且其加速度 a 與速度 v 之關係式為

$$a = -kv$$

試求：(a)速度 $v(t)$ 為何？　(b)位置 $x(t)$ 為何？　(c)速度 $v(x)$ 為何？

解 (a)由 $a = -kv = \frac{dv}{dt}$，則

$$\frac{dv}{v} = -kdt$$

兩邊積分得

$$\int_{v_0}^{v} \frac{dv}{v} = -k \int_{0}^{t} dt$$

故　$\ln \dfrac{v}{v_0} = -kt$ 或 $v = v_0 e^{-kt}$

(b) 由 $v = v_0 e^{-kt} = \dfrac{dx}{dt}$，兩邊積分得

$$\int_{0}^{x} dx = v_0 \int_{0}^{t} e^{-kt} dt$$

故　$x = -\dfrac{v_0}{k}(e^{-kt} - 1)$ 或 $x = \dfrac{v_0}{k}(1 - e^{-kt})$

(c) 由 $a = -kv = v \dfrac{dv}{dx}$，整理得

$$dv = -kdx$$

$$\int_{v_0}^{v} dv = -k \int_{0}^{x} dx$$

故　$v - v_0 = -kx$ 或 $v = v_0 - kx$

例 題 2-4

已知距地表高度為 y 之重力加速度值 g 為

$$g = \frac{-9.81}{(1 + \dfrac{y}{6.37 \times 10^6})^2}$$

其中負值代表方向朝向地心，加速度 g 之單位為 m/s^2，高度 y 之單位為 m。現將一物體自地球表面分別以如下之速度垂直向上發射，試求其最大可能到達之高度為何? (a) 200 m/s　(b) 2000 m/s　(c) 11.18 km/s

解　由 $g = v \dfrac{dv}{dy} = \dfrac{-9.81}{(1 + \dfrac{y}{6.37 \times 10^6})^2}$，移項後積分得

$$\int_{v_0}^{v} v dv = \int_{0}^{y} \frac{-9.81 dy}{(1 + \dfrac{y}{6.37 \times 10^6})^2}$$

故　　$\dfrac{1}{2}(v^2 - v_0^2) = \dfrac{9.81 \times 6.37 \times 10^6}{1 + \dfrac{y}{6.37 \times 10^6}} \Bigg|_0^y$

$$v_0^2 - v^2 = (19.62 + \dfrac{v^2 - v_0^2}{6.37 \times 10^6})y$$

$$y = \dfrac{v_0^2 - v^2}{19.62 + \dfrac{v^2 - v_0^2}{6.37 \times 10^6}}$$

當到達最大高度時，$y = y_{max}$，$v = 0$，則

$$y_{max} = \dfrac{v_0^2}{19.62 - \dfrac{v_0^2}{6.37 \times 10^6}}$$

(a)以 $v_0 = 200$ m/s 代入得 $y_{max} = 2.04$ km

(b)以 $v_0 = 2000$ m/s 代入得 $y_{max} = 211$ km

(c)以 $v_0 = 11.18$ km/s 代入，因分母部份趨近於零，故 $y_{max} = \infty$，即物

體將脫離地球之引力範圍。

習　題

1.已知一直線運動之質點其加速度可定義為 $a = 18 - 6t^2$，若此質點於 $t = 0$ 時

由 $x = 100$ m 處靜止起動，試求：

(a)此質點何時速度再度為零？

(b)在 $t = 4$ 秒時質點之位置及速度？

(c)由開始到 $t = 4$ 秒之間質點共移動多少距離？

2.已知一直線運動之質點其加速度 a 與位置 x 之間的關係為 $a = -kx^{-2}$。若質

點由 $x = 12$ m 處靜止起動，在 $x = 6$ m 處測量到其速度為 8 m/s，試求：

(a) k 之值為何？

(b)在 $x = 3$ m 處之速度為何？

3.已知一直線運動之質點其加速度 a 與速度 v 之關係式為 $a = -10v$，其中 a

之單位為 m/s^2 而 v 之單位為 m/s。已知在 $t = 0$ 時 $v = 30 \ m/s$，試求：

(a)質點在靜止前所行經之距離為何？

(b)質點達到靜止所需之時間為何？

4.已知一直線運動之質點其加速度 a 與速度 v 之間的關係為 $a = -0.004v^2$，其中 a 為 m/s^2 而 v 為 m/s。若質點之初速度為 v_0，試求：

(a)質點之速度達到初速度之一半時所行經之距離？

(b)質點停止時其所行經之距離？

5.一質點作等加速度直線運動其加速度為 $-2 \ m/s^2$，若質點在 $t = 0$ 時由原點以 $8 \ m/s$ 之速度起動，試求其在 $t = 6$ 秒時之位置、速度及移動之距離各為何？

6.地球引力對物體所產生之重力加速度 a 為

$$a = -g\frac{R^2}{r^2}$$

上式中 g 為地表之重力加速度值，R 為地球半徑，而 r 為物體距離地心之高度。試求欲將一物體於地球表面垂直發射並使其脫離地球引力作用之逃脫速度 (escape velocity) 為何？

2–4 質點間之相依運動

所謂**相依運動** (dependent motions) 意指質點與質點之間的運動關係並非是獨立的，此種相互依存的關係代表著決定系統中某一質點之運動狀態如位置、速度、加速度，即決定了其他質點之運動狀態。而為了要達成此種相依運動，則質點與質點之間必須要有拘束條件 (constraint condition) 的存在。最普遍常見的相依運動即是利用繩子與滑輪將數個質點串聯起來，繩子的長度即是拘束條件本身，而繩子的數目也代表拘束條件的數目。在拘束條件定義之後,將拘束條件加以微分即可建立相依運動質點間的速度與加速度的關係。

圖 2–5 所示為 A, B 兩質點之間以繩子及滑輪加以連接，其中只要確定任何一個質點的運動狀態，即可得知另一質點之運動狀態，故為相依運動。對

於相依運動的分析，第一個步驟一定要先定義適合之座標，這種座標的定義通常不是唯一，但其原則是要定義在固定不動之基準點上，且其座標之量測均在相同之方向上。如圖 2–5 中，座標之基準點（原點）取在上方之固定端，而座標之量測均為向下。利用這樣的定義，則拘束條件（即繩子之長度為定值）可以定義為

$$(x_A - x_D) + (x_A - x_C - x_D) + (x_B - x_C) = 常數 \qquad (2\text{–}21)$$

注意上式中並未考慮繩子繞過滑輪部份的長度，此部份的長度可以忽略不計。(2–21) 式中 x_C 及 x_D 實際上均為定值，即不隨質點之運動而改變。將 (2–21) 式對時間 t 微分後可得

$$2v_A + v_B = 0 \qquad (2\text{–}22)$$

由上式可以得知 A 的速度大小為 B 的一半，而且 A, B 兩者的速度方向必定相反。更進一步將 (2–22) 式對時間 t 微分後可得加速度之關係如下：

$$2a_A + a_B = 0 \qquad (2\text{–}23)$$

由上述之推導過程可以發現，在訂定拘束條件之過程中，系統中固定不變的繩長均可忽略不計，因此如圖 2–5 之座標定義事實上可進一步修正如圖 2–6 所示。

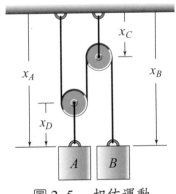 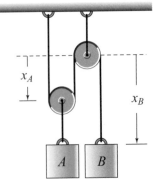

圖 2–5　相依運動　　　圖 2–6　修正後之圖 2–5

由圖 2–6 之定義即可迅速獲得拘束條件為

$$2x_A + x_B = 常數 \qquad (2\text{--}24)$$

在分析上更為簡捷有效。

2–5 質點間之相對運動

在分析質點的運動狀態時，一般均以固定之座標系為基準來加以描述，此種運動稱為絕對運動 (absolute motion)。並非所有的運動都要以絕對運動的方式來描述，例如質點與質點間的運動在某些情況下可以用相對運動 (relative motion) 的方式來描述，所謂相對運動是指參考座標之原點不再固定不動，而是隨著某個質點一起移動。注意此處之相對座標僅指原點移動，但座標軸之方向仍維持固定不動。

對直線運動之質點而言，質點間之相對運動基本上僅代表位置座標間的差異，如圖 2–7 所示，A 及 B 兩質點之位置分別為 x_A 及 x_B，則若以 A 為相對運動之原點（參考點），則 B 相對於 A 之位置，以 $x_{B/A}$ 來表示，可以寫成

$$x_{B/A} = x_B - x_A \qquad (2\text{--}25)$$

注意上式中的 $x_{B/A}$ 也可以想像成觀察者在 A 點處所得到之 B 點的位置。若將 (2–25) 式進一步對時間加以微分則可得到 B 相對於 A 之速度 $v_{B/A}$ 為

$$v_{B/A} = v_B - v_A \qquad (2\text{--}26)$$

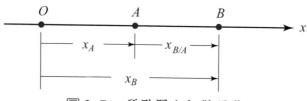

圖 2–7　質點間之相對運動

如上所述，$v_{B/A}$ 可以解釋為觀察者在 A 點處（隨 A 一起運動）所得到之 B 點的速度。

同理，B 相對於 A 之加速度 $a_{B/A}$ 則為

$$a_{B/A} = a_B - a_A \tag{2-27}$$

例 題 2-5

如圖 2-8 之裝置，已知 A 之速度為 600 mm/s 向下，試求：

(a) B 之速度？

(b) C 點之速度？

(c) D 點之速度？

(d) B 相對於 A 之速度？

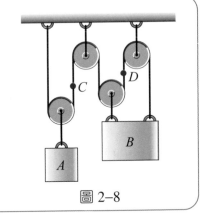

圖 2-8

解 (a) 由圖 2-9 之定義，拘束條件為

$$2x_A + 3x_B = 常數$$

上式對時間微分得

$$2v_A + 3v_B = 0$$

由 $v_A = 600$ mm/s，則

$$v_B = -\frac{2}{3} \times 600 = -400 \text{ mm/s}$$

故 B 之速度為 400 mm/s 向上

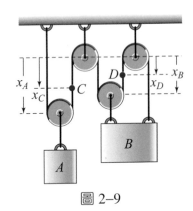

圖 2-9

(b) 欲求 C 點之速度可考慮拘束條件為由繩子左端固定點至 C 點之長度為定值，即

$$x_A + (x_A - x_C) = 常數$$

則對時間微分後可得

$$2v_A - v_C = 0$$

故 $v_C = 2v_A = 1200$ mm/s 向下

(c)對 D 點之速度的求法可以用相同的方式,取繩子右端至 D 點之長

度為定值, 即

$$x_B + x_D = 常數$$

對時間微分後可得

$$v_B + v_D = 0$$

則 $v_D = -v_B = 400$ mm/s 向下

(d) B 相對於 A 之速度由 (2–26) 式為

$$v_{B/A} = v_B - v_A = -400 - 600 = -1000$$

故 B 相對於 A 之速度為 1000 mm/s 向上

例 題 2–6

如圖 2–10 所示之裝置,滑塊 A 與 B 均可自由滑

動, 已知在圖示之位置滑塊 B 之速度為 0.6 m/s

向左且為等速, 試求:

(a) A 之速度?

(b) A 之加速度?

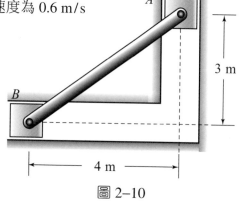

圖 2–10

解 (a)依圖 2–11 之定義可得

$$x_A^2 + x_B^2 = 5^2$$

對時間微分後為

$$x_A \dot{x}_A + x_B \dot{x}_B = 0$$

則 $\dot{x}_A = -\dfrac{x_B}{x_A} \dot{x}_B = -\dfrac{4}{3} \times 0.6 = -0.8$ m/s

即 A 之速度為 0.8 m/s 向下 (注意負號代表與座標方向相反)

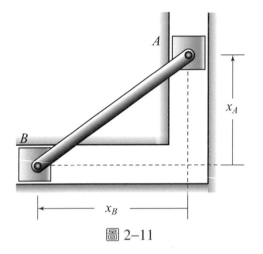

圖 2–11

(b)將 $x_A \dot{x}_A + x_B \dot{x}_B = 0$ 進一步對時間微分後可得

$$\dot{x}_A^2 + x_A \ddot{x}_A + \dot{x}_B^2 + x_B \ddot{x}_B = 0$$

以 $\dot{x}_A = -0.8$, $\dot{x}_B = 0.6$, $\ddot{x}_B = 0$ 代入後得

$$\ddot{x}_A = -\frac{1}{3}$$

故 A 之加速度為 $\frac{1}{3}$ m/s^2 向下

7.如圖 2–12 之裝置，已知質點 B 之速度為 180 mm/s 向下，試求：

　(a) A 之速度？　(b)滑輪 D 之速度？

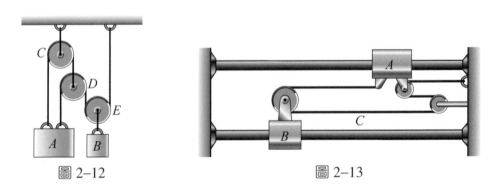

圖 2–12　　　　　　　　　　　　圖 2–13

8.如圖 2–13 所示，B 向左以 100 mm/s 之速度移動，試求：

　(a) A 之速度？　(b) C 段繩子之速度？　(c) C 段繩子相對於 B 之速度？

9.如圖 2–14 之裝置，已知 B 以 300 mm/s 之速度向右移動，試求：

　(a) A 之速度？　　　(b) D 段繩索之速度？

　(c) A 相對於 B 之速度？　(d) C 相對於 D 之速度？

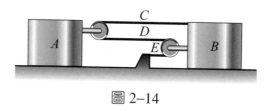

圖 2–14

10.如圖 2–15 所示，長度為 33 m 之繩 CAB 兩端分別連結於 C 點及滑塊 B 上，並繞過滑塊 A，現已知滑塊 A 以 2 m/s 之定速向右移動，試求在 $x_A = 12$ m 處滑塊 B 之速度為何？

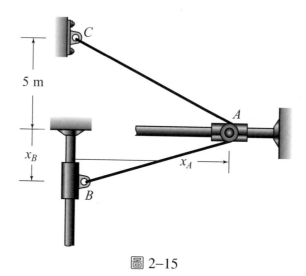

圖 2–15

11.如圖 2–16 所示，已知滑塊 A 以 2 m/s 之定速向上移動，試求在 $x_A = 3$ m 處，B 處之繩下拉之速度及加速度各為何？

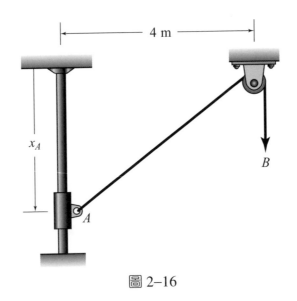

圖 2–16

2–6 質點之曲線運動

　　若質點之軌跡不為直線，則稱質點之運動為**曲線運動** (curvilinear motion)。曲線運動之質點一般係以向量來描述及分析其運動情形，如圖 2–17 所示為一個沿曲線運動之質點，此質點在時刻 t 之位置 P 可由位置向量 $\vec{r}$ 描述之，若 $Oxyz$ 為固定之參考座標系統，則

$$\vec{r}(t) = \overrightarrow{OP} \tag{2-28}$$

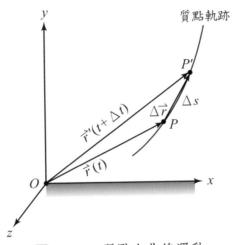

圖 2–17　質點之曲線運動

當質點經過 Δt 之時間而移動至 P' 之位置時，其位置向量 $\vec{r}'$ 為

$$\vec{r}'(t + \Delta t) = \overrightarrow{OP'} \tag{2-29}$$

則此質點之位移 (displacement) $\Delta \vec{r}$ 為

$$\Delta \vec{r} = \vec{r}'(t + \Delta t) - \vec{r}(t) \tag{2-30}$$

位移 $\Delta \vec{r}$ 代表質點位置之變化，為具有方向之物理量，此向量之大小與沿質點軌跡曲線由 P 至 P' 之移動路徑 Δs 不同，Δs 為質點移動之距離 (distance)，為不具方向性之純量。

質點由 P 點移動至 P' 點之平均速度 (average velocity) $\vec{v}_{av}$ 為

$$\vec{v}_{av} = \frac{\Delta \vec{r}}{\Delta t} = \frac{\vec{r}'(t + \Delta t) - \vec{r}(t)}{\Delta t} \tag{2-31}$$

上式中之平均速度亦為向量，其方向為沿位移 $\Delta \vec{r}$ 之方向如圖 2–18(a)所示。

當 (2-31) 式中的 Δt 趨近於零時，則平均速度將趨近於瞬時速度 (instantaneous velocity) $\vec{v}$，即

$$\vec{v} = \lim_{\Delta t \to 0} \frac{\Delta \vec{r}}{\Delta t} = \frac{d\vec{r}}{dt} \tag{2-32}$$

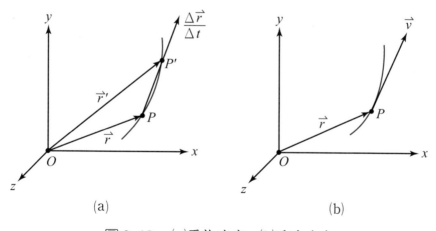

圖 2–18　(a)平均速度；(b)瞬時速度

由於 Δt 趨近於零時，P' 點與 P 點將極為接近，而使得 $\Delta \vec{r}$ 將趨近於質點軌跡曲線在 P 點之切線方向，故瞬時速度之方向恆與質點之運動路徑相切，如圖 2–18(b)所示。

當 Δt 甚小而趨近於零時，$\Delta \vec{r}$ 之長度將接近於 Δs，則瞬時速度之大小 v 可以寫為

$$v = |\vec{v}| = \lim_{\Delta t \to 0} \frac{|\Delta \vec{r}|}{\Delta t} = \lim \frac{\Delta s}{\Delta t} = \frac{ds}{dt} \tag{2–33}$$

上式中 $\frac{ds}{dt}$ 代表質點沿其軌跡運動時路徑長度 s 對時間 t 之變化率，亦即為質點之瞬時速率 v，故質點瞬時速度 $\vec{v}$ 之大小即等於其瞬時速率 (speed)。

若質點在位置 P 之速度為 $\vec{v}$，經 Δt 時間移至 P' 之速度為 $\vec{v}'$，如圖 2–19(a)所示。依此方式，可將質點運動軌跡上之每一點的速度向量繪於相同原點之參考座標上，如圖 2–19(b)所示，其中 Q 及 Q' 分別為 $\vec{v}$ 及 $\vec{v}'$ 以 O' 為起始點之向量端點，則質點軌跡曲線上之每一點的速度向量其端點即可形成質點速度曲線圖 (Hodograph)。

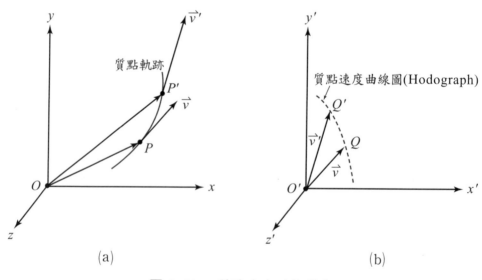

(a)　　　　　　　　　　　(b)

圖 2–19　質點速度及其變化

依圖 2–19(b)，質點在位置 P 及 P' 之速度分別為 $\vec{v}$ 及 $\vec{v}'$，則在 Δt 時間內速度變化量 $\Delta\vec{v}$ 為

$$\Delta\vec{v} = \vec{v}' - \vec{v} \tag{2--34}$$

而在此 Δt 時間內質點之平均加速度 (average acceleration) a_{av} 為

$$\vec{a}_{av} = \frac{\Delta\vec{v}}{\Delta t} \tag{2--35}$$

平均加速度 $\vec{a}_{av}$ 之方向與 $\Delta\vec{v}$ 之方向一致，而當 Δt 趨近於零時，平均加速度將趨近於瞬時加速度 (instantaneous acceleration)，以 $\vec{a}$ 表示，即

$$\vec{a} = \lim \frac{\Delta\vec{v}}{\Delta t} = \frac{d\vec{v}}{dt} \tag{2--36}$$

依微分之定義，質點之瞬時加速度 $\vec{a}$ 應沿速度曲線 Hodograph 之切線方向，如圖 2–20(a)所示，若將此加速度向量 $\vec{a}$ 平移繪於圖 2–19(a)中之質點位置 P 點上，如圖 2–20(b)所示，可以得知質點之加速度 $\vec{a}$ 與沿軌跡切線方向之速度 $\vec{v}$ 之間的關係。在接下來的章節中將會討論到，以平面曲線運動之質點為

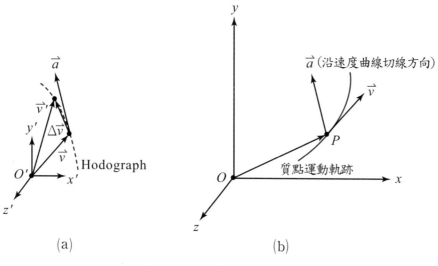

圖 2–20　質點之加速度

例，其加速度可以分解為沿軌跡曲線切線方向之分量及垂直於切線方向之法線方向的分量。這其中切線方向的分量可以導致質點沿其軌跡曲線運動的快慢，而法線方向的分量則控制軌跡曲線方向之改變。

2-7　曲線運動之直角座標分量

對於質點之曲線運動可以利用直角座標系來加以描述，此直角座標系應固定於地球表面且符合右手定則。如圖 2-21(a)所示，則質點運動軌跡上之位置 P 可以用直角座標分量表示如下：

$$\vec{r} = \overrightarrow{OP} = r_x\vec{i} + r_y\vec{j} + r_z\vec{k} \tag{2-37}$$

上式中之 $\vec{i}, \vec{j}, \vec{k}$ 分別為沿 x, y, z 方向之單位向量，則質點之速度 $\vec{v}$ 可表示成為

$$\vec{v} = \frac{d\vec{r}}{dt} = \frac{dr_x}{dt}\vec{i} + \frac{dr_y}{dt}\vec{j} + \frac{dr_z}{dt}\vec{k} = \dot{r}_x\vec{i} + \dot{r}_y\vec{j} + \dot{r}_z\vec{k} \tag{2-38}$$

若以 v_x, v_y 及 v_z 分別表示質點速度之直角座標分量表示法，則

$$v_x = \dot{r}_x \qquad v_y = \dot{r}_y \qquad v_z = \dot{r}_z \tag{2-39}$$

其中速度及其直角座標分量之表示可參考如圖 2-21(a)所示。

同理，將 (2-38) 式再對時間微分可得質點之加速度 $\vec{a}$ 為

$$\vec{a} = \frac{d\vec{v}}{dt} = \frac{d^2r_x}{dt^2}\vec{i} + \frac{d^2r_y}{dt^2}\vec{j} + \frac{d^2r_z}{dt^2}\vec{k} = \ddot{r}_x\vec{i} + \ddot{r}_y\vec{j} + \ddot{r}_z\vec{k} \tag{2-40}$$

若以 a_x, a_y 及 a_z 分別表示質點加速度之直角座標分量表示法，則

$$a_x = \ddot{r}_x \qquad a_y = \ddot{r}_y \qquad a_z = \ddot{r}_z \tag{2-41}$$

而加速度及其直角座標分量之表示可參考圖 2-21(b)所示。

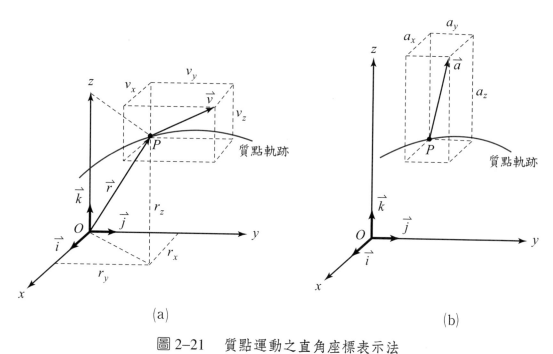

(a)　　　　　　　　　　　　　　　(b)

圖 2-21　　質點運動之直角座標表示法

2-8　絕對與相對運動

在描述質點之曲線運動時，若是以固定於地表之座標系為參考座標，則所得到之質點運動為絕對運動。在某些情況下，質點之運動無法直接以絕對運動方式表示時，則必須透過相對運動來間接地加以描述。這種相對運動是以附著於某些移動質點的平移座標系為參考座標，雖然這些平移座標系之原點隨質點位置而改變，但其座標軸的方向則一直保持固定。利用這種絕對與相對座標的定義，可以描述質點間彼此的相互運動關係，如 §2-5 節中亦利用此觀念來描述相依運動中質點間的相互關係。

圖 2-22 中座標系 $Oxyz$ 為固定之參考座標，而 $Ax'y'z'$ 為附著於質點 A 之平移座標系統，則 $\vec{r}_B$ 及 $\vec{r}_{B/A}$ 分別為質點 B 相對於 $Oxyz$ 及 $Ax'y'z'$ 之位置向量，前者為絕對位置，而後者則為相對位置，依向量之關係，可得

$$\vec{r}_B = \vec{r}_A + \vec{r}_{B/A} \tag{2-42}$$

或

$$\vec{r}_{B/A} = \vec{r}_B - \vec{r}_A \tag{2-43}$$

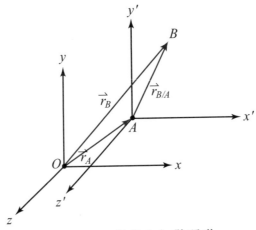

圖 2-22　絕對與相對運動

由 (2-43) 式則可更進一步解釋 $\vec{r}_{B/A}$ 為 B 相對於 A 之位置，而此相對位置可由兩者絕對位置之向量差來求得。

將 (2-42) 式對時間微分可得速度之絕對與相對關係為

$$\vec{v}_B = \vec{v}_A + \vec{v}_{B/A} \tag{2-44}$$

同理

$$\vec{a}_B = \vec{a}_A + \vec{a}_{B/A} \tag{2-45}$$

質點之絕對與相對運動之間的差異僅在於參考點之差異，例如在高速公路上駕駛汽車必須依賴與前車之相對速度來保持彼此間的安全距離。又如飛行特技表演之飛行員之間是以維持彼此間的相對運動來完成各種高難度的飛行編隊及動作，這些例子若改以絕對運動的角度去進行勢必增加困難且易造成極為嚴重之後果。日常生活中還有許多類似之應用實例，均是有效運用絕對與相對運動之差異並結合其優點所致。

例 題 2-7

如圖 2-23 所示之 A, B 兩質點，若
質點 A 以 80 mm/s 向左之速度移
動，其加速度為 50 mm/s² 向右；
而質點 B 以 120 mm/s 之速度相
對於質點 A 沿斜面向上移動，其
加速度為 50 mm/s² 亦相對於質
點 A 沿斜面向上。試求質點 B 之速度及加速度各為何?

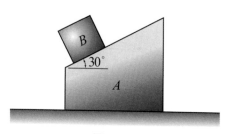

圖 2-23

解 (a)　　$\vec{v}_A = 80$ mm/s ←　　$\vec{v}_{B/A} = 120$ mm/s $\angle 30°$

故由 $\vec{v}_B = \vec{v}_A + \vec{v}_{B/A}$，其圖解法可參考如圖 2-24(a)。

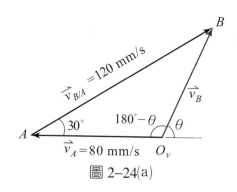

圖 2-24(a)

由餘弦定理可得 $\vec{v}_B$ 之大小為

$$v_B = \sqrt{80^2 + 120^2 - 2 \times 80 \times 120 \times \cos30°} = 64.59 \text{ mm/s}$$

由正弦定理可得

$$\frac{120}{\sin(180° - \theta)} = \frac{64.59}{\sin30°}$$

故 $\theta = 111.73°$，所以質點 B 之速度 $\vec{v}_B = 64.59$ mm/s $\angle 111.73°$

(b)　　$\vec{a}_A = 50$ mm/s² →　　$\vec{a}_{B/A} = 50$ mm/s² $\angle 30°$

由 $\vec{a}_B = \vec{a}_A + \vec{a}_{B/A}$，其圖解法可參考圖 2-24(b)。

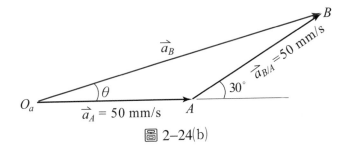

圖 2–24(b)

由餘弦定理可得 $\vec{a}_B$ 之大小為

$$a_B = \sqrt{50^2 + 50^2 - 2 \times 50 \times 50 \times \cos150°} = 96.59 \text{ mm/s}^2$$

由正弦定理可得

$$\frac{50}{\sin\theta} = \frac{96.59}{\sin150°}$$

故 $\theta = 15°$，所以質點 B 之加速度 $\vec{a}_B = 96.59 \text{ mm/s}^2 \angle 15°$

例 題 2-8

已知一質點之運動軌跡 $\vec{r}$ 為 $\vec{r} = A\cos\pi t\vec{i} + B\sin\pi t\vec{j}$，如圖 2-25 所示，試證明：

(a)此質點之加速度指向原點 O。

(b)此質點之加速度大小與距原點長度成正比。

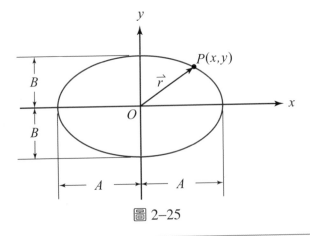

圖 2–25

證 (a) $\quad x = A\cos\pi t \qquad v_x = \dot{x} = -A\pi\sin\pi t \qquad a_x = \ddot{x} = -A\pi^2\cos\pi t$

同理

$$y = B\sin\pi t \qquad v_y = \dot{y} = B\pi\cos\pi t \qquad a_y = \ddot{y} = -B\pi^2\sin\pi t$$

故

$$a_x = -\pi^2 x \qquad a_y = -\pi^2 y$$

即 $\quad \vec{a} = -\pi^2\vec{r}$

故加速度之向量 $\vec{a}$ 為沿 $\vec{r}$ 之相反方向指向原點 O。

(b) $\quad a^2 = a_x^2 + a_y^2 = \pi^4(A^2\cos^2\pi t + B^2\sin^2\pi t)$

而由

$$r^2 = x^2 + y^2 = A^2\cos^2\pi t + B^2\sin^2\pi t$$

可知

$$a^2 = \pi^4 r^2$$

即 $\quad a = \pi^2 r$

故加速度大小與距原點之長度 r 成正比。

2–9　曲線運動之切線與法線方向分量

當質點之運動軌跡為已知時，除了可以利用直角座標分量來描述其運動之外，亦可以利用沿著軌跡曲線之切線方向及垂直此切線方向之法線方向來描述質點的運動，這種以切線及法線方向為座標軸方向之參考座標系統亦稱為曲線座標系統 (Curvilinear Coordinate System)。

由 (2–32) 及 (2–33) 式可知質點之速度 $\vec{v}$ 可以寫成為

$$\vec{v} = v\vec{e}_t \tag{2–46}$$

上式中之 v 為速率，依 (2–33) 式可知 $v = \dfrac{ds}{dt}$，而 $\vec{e}_t$ 為沿質點運動軌跡切線方向之單位向量，如圖 2–26 所示。

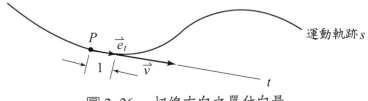

圖 2-26　切線方向之單位向量

將 (2-46) 式對時間微分可得質點之加速度 $\vec{a}$ 為

$$\vec{a} = \dot{v}\vec{e}_t + v\dot{\vec{e}}_t \tag{2-47}$$

(2-47) 式中可以看出加速度分兩個部份，前者 $\dot{v}\vec{e}_t$ 仍沿切線方向，而其大小 $\dot{v}$ 則定義為切線加速度 a_t，即

$$a_t = \dot{v} = \frac{dv}{dt} \tag{2-48}$$

或由 (2-9) 式亦可寫為

$$a_t = v\frac{dv}{ds} \tag{2-49}$$

(2-47) 式中的第二項 $v\dot{\vec{e}}_t$ 牽涉到切線方向單位向量 $\vec{e}_t$ 對時間之微分。由於 $\vec{e}_t$ 為向量，依向量之定義其包括大小及方向兩個部份，對於單位向量而言其大小為定值 1，故單位向量 $\vec{e}_t$ 之時變率應考慮的是方向的變化，而無大小之變化。

參考圖 2-27(a)所示，質點由位置 P 移動至 P' 時，切線方向亦由方向 t 改變至方向 t'，而單位向量 $\vec{e}_t$ 及 $\vec{e}_t'$ 之大小均為 1，故若將 $\vec{e}_t$ 及 $\vec{e}_t'$ 繪於相同之起點上如圖 2-27(b)，則變化量 $d\vec{e}_t$ 為方向之改變，在此定義 $d\vec{e}_t$ 之方向為 n，稱為法線方向，與切線方向 t 垂直，則法線方向之單位向量 $\vec{e}_n$ 可定義為

$$\vec{e}_n = \frac{d\vec{e}_t}{d\theta} \tag{2-50}$$

依 (2-50) 式，則 $\vec{e}_t$ 對時間 t 之微分利用微分之連鎖律 (chain rule) 將成為

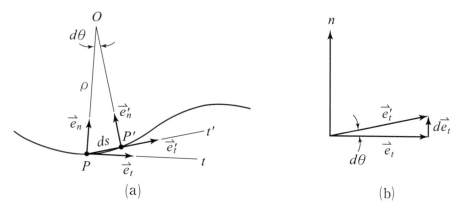

圖 2-27　切線方向單位向量之時變率

$$\frac{d\vec{e}_t}{dt} = \frac{d\vec{e}_t}{d\theta}\frac{d\theta}{ds}\frac{ds}{dt} \tag{2-51}$$

由圖 2-27(a)可知

$$\frac{d\theta}{ds} = \frac{1}{\rho} \tag{2-52}$$

其中 ρ 稱為曲率半徑 (radius of curvature)，而 O 則為曲率中心 (center of curvature)。故 (2-51) 式可化簡為

$$\dot{\vec{e}}_t = \frac{v}{\rho}\vec{e}_n \tag{2-53}$$

所以 (2-47) 式最後將成為

$$\vec{a} = \dot{v}\vec{e}_t + \frac{v^2}{\rho}\vec{e}_n \tag{2-54}$$

而法線方向之加速度 a_n 則可表示為

$$a_n = \frac{v^2}{\rho} \tag{2-55}$$

上述之法線加速度因其方向永遠指向曲率中心 O，故亦稱為**向心加速度** (centripetal acceleration)。因此對於曲線運動之質點，其在任何一點之加速度 $\vec{a}$ 為

$$\vec{a} = a_t\vec{e}_t + a_n\vec{e}_n \tag{2-56}$$

如圖 2-28 所示，而其中切線及法線方向分量大小分別為

$$a_t = 切線加速度 = \frac{dv}{dt}$$
$$a_n = 法線加速度 = \frac{v^2}{\rho} \tag{2-57}$$

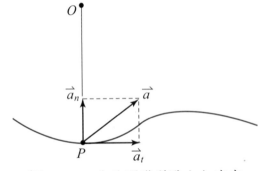

圖 2-28　曲線運動質點之加速度

　　由上述之推導過程可以得知，切線方向之加速度可以改變質點沿運動軌跡速率之快慢，而法線加速度則可以改變運動軌跡之方向。由於法線加速度之大小與運動軌跡之曲率半徑及速率均有關連，因此在日常生活中相關之應用實例均可看出不同設計之考量，例如飛機機翼之設計為避免空氣分子流經翼面產生突然之加速度的改變，均會保持斷面曲線之曲率半徑，不致讓其有突然之變化。又如軌道車輛為避免造成機具之損壞及乘客之不適，其軌道設計在彎道處均會特別注意不同段落曲率半徑之銜接。此外如高速公路匝道與速限之配合，以及高速凸輪裝置外形曲線等，均將加速度或曲率半徑之考量融入設計之中。

若質點之運動軌跡為沿著如圖 2-29 之三度空間曲線，則在任一瞬間切線方向（即 t 方向）是唯一可確定的。而對於與此切線方向垂直之法線方向之決定，仍依循前述平面曲線之情況，將 n 方向定義為朝向曲率中心 O 之方向，而此方向亦稱為曲線在 P 點之主法線 (principal normal)。在切線方向 t 與主法線方向 n 決定之後，便可利用 (2-46) 式及 (2-56) 式決定質點的速度及加速度。而第三個軸線方向，即副法線 (binormal) 方向，以 b 表示，則可以右手定則來加以決定，如圖 2-29 所示。

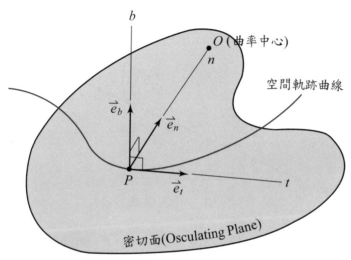

圖 2-29　質點之空間曲線運動

若 $\vec{e}_t$ 及 $\vec{e}_n$ 分別為切線及主法線方向之單位向量，則副法線方向之單位向量 $\vec{e}_b$ 則可依向量外積來決定，即

$$\vec{e}_b = \vec{e}_t \times \vec{e}_n \tag{2-58}$$

圖 2-29 中切線與法線方向所決定之平面稱為密切面 (osculating plane)，對平面運動而言，此平面即是質點軌跡所在之平面。

🎵 2-10 曲線運動之圓柱座標分量

對質點運動而言，若軌跡為三度空間曲線則需使用圓柱座標系統 (Cylindrical Coordinate System)，否則對平面曲線而言，則使用極座標系統 (Polar Coordinate System)。極座標系統利用距原點 O 之長度 r 及與水平基準軸之角度 θ 來描述平面軌跡曲線，如圖 2-30 所示。而圓柱座標系統則是將極座標加上垂直於 r, θ 所在平面的高度 z，故在本節中之討論將以平面之極座標為主。

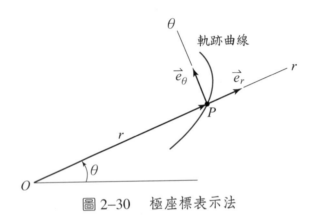

圖 2-30　極座標表示法

如圖 2-30 所示，質點軌跡曲線上之任一點 P 之位置 $\vec{r}$ 可寫為

$$\vec{r} = r\vec{e}_r \tag{2-59}$$

其中方向 r 稱為徑向座標 (radial coordinate)，而方向 θ 為橫向座標 (transverse coordinate)；距離 r 定義為由原點 O 延伸至質點位置 P 的距離，而角度 θ 則是由水平基準軸逆時針旋轉到方向 r 的角度。

若 $\vec{e}_r$ 及 $\vec{e}_\theta$ 分別為徑向座標及橫向座標之單位向量，則如圖 2-31 所示，並參考 §2-9 節中有關單位向量導數之求法，則可得

$$\frac{d\vec{e}_r}{d\theta} = \vec{e}_\theta \qquad \frac{d\vec{e}_\theta}{d\theta} = -\vec{e}_r \tag{2-60}$$

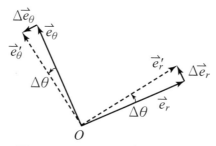

圖 2-31　單位向量之變化量

　　圖 2-31 中可看出 $\Delta\vec{e}_r$ 為沿 $\vec{e}_\theta$ 之方向而 $\Delta\vec{e}_\theta$ 為沿著 $-\vec{e}_r$ 之方向。若利用微分之連鎖律則可寫出 $\vec{e}_r$ 及 $\vec{e}_\theta$ 對時間之導數。

$$\frac{d\vec{e}_r}{dt} = \frac{d\vec{e}_r}{d\theta}\frac{d\theta}{dt} = \vec{e}_\theta\frac{d\theta}{dt}$$

$$\frac{d\vec{e}_\theta}{dt} = \frac{d\vec{e}_\theta}{d\theta}\frac{d\theta}{dt} = -\vec{e}_r\frac{d\theta}{dt} \tag{2-61}$$

或

$$\dot{\vec{e}}_r = \dot{\theta}\vec{e}_\theta \qquad \dot{\vec{e}}_\theta = -\dot{\theta}\vec{e}_r \tag{2-62}$$

　　則由 (2-59) 式對時間之微分可得質點之速度為

$$\vec{v} = \frac{d}{dt}\vec{r} = \frac{d}{dt}(r\vec{e}_r) = \dot{r}\vec{e}_r + r\dot{\vec{e}}_r \tag{2-63}$$

(2-63) 式以 (2-62) 式代入可得

$$\vec{v} = \dot{r}\vec{e}_r + r\dot{\theta}\vec{e}_\theta \tag{2-64}$$

　　同理，質點之加速度 $\vec{a}$ 為

$$\vec{a} = \frac{d}{dt}\vec{v} = \ddot{r}\vec{e}_r + \dot{r}\dot{\vec{e}}_r + \dot{r}\dot{\theta}\vec{e}_\theta + r\ddot{\theta}\vec{e}_\theta + r\dot{\theta}\dot{\vec{e}}_\theta \tag{2-65}$$

將 (2-62) 式代入上式並整理合併後可得

$$\vec{a} = (\ddot{r} - r\dot{\theta}^2)\vec{e}_r + (r\ddot{\theta} + 2\dot{r}\dot{\theta})\vec{e}_\theta \tag{2-66}$$

由 (2-64) 式及 (2-66) 式可將質點之速度及加速度在圓柱座標系中的分量表示如下：

$$v_r = \dot{r} \qquad\qquad v_\theta = r\dot{\theta} \tag{2-67}$$

$$a_r = \ddot{r} - r\dot{\theta}^2 \qquad\qquad a_\theta = r\ddot{\theta} + 2\dot{r}\dot{\theta} \tag{2-68}$$

若質點沿空間曲線運動，則如圖 2-32 將極座標加上垂直於 r, θ 所在平面之座標軸 z，則為圓柱座標系統。

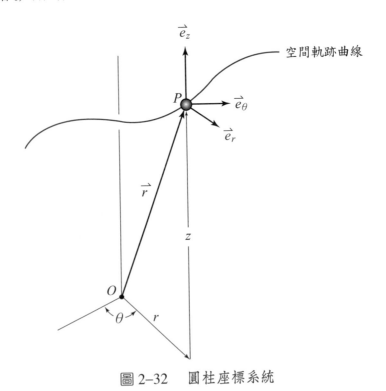

圖 2-32　圓柱座標系統

例 題 2-9

如圖 2-33 所示之 A, B 兩部汽車，A 車沿直線前進，而 B 車則沿半徑 150 m 之匝道運動。若已知 A 車之加速度為 1.5 m/s^2 且 B 車之減速度為 0.9 m/s^2，則在圖示之位置試求：

(a) A 車相對於 B 車之速度？

(b) A 車相對於 B 車之加速度？

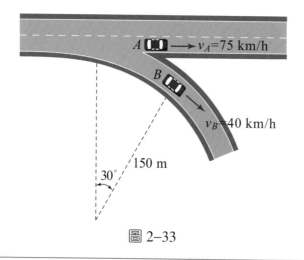

圖 2-33

解 (a)　　　$\vec{v}_A = 75$ km/h $\rightarrow$

$\vec{v}_B = 40$ km/h $\diagdown$ 30°

則由 $\vec{v}_{A/B} = \vec{v}_A - \vec{v}_B$ 或 $\vec{v}_A = \vec{v}_{A/B} + \vec{v}_B$ 及圖 2-34(a) 可得

$$v^2_{A/B} = 75^2 + 40^2 - 2 \times 40 \times 75 \times \cos 30°$$

故　$v_{A/B} = 45.04$ km/h

由正弦定律

$$\frac{40}{\sin \theta} = \frac{45.04}{\sin 30°}$$

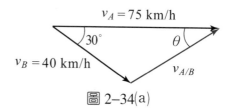

圖 2-34(a)

故　$\theta = 26.36°$

所以 A 車相對於 B 車之速度 $\vec{v}_{A/B}$ 為 45.04 km/h $\diagup$ $26.36°$

(b)　　$v_B = 40 \text{ km/h} = 11.111 \text{ m/s}$

則法線加速度

$$(a_B)_n = \frac{v_B^2}{\rho} = \frac{11.111^2}{150} = 0.823 \text{ m/s}^2 \quad \diagup 30°$$

而　$(a_B)_t = 0.9 \text{ m/s}^2 \quad \diagdown 30°$

故加速度 $\vec{a}_B = (\vec{a}_B)_n + (\vec{a}_B)_t$ 如圖 2–34(b)所示。

$$a_B = \sqrt{0.9^2 + 0.823^2}$$

$$= 1.2196 \text{ m/s}^2$$

$$\alpha = \cos^{-1} \frac{0.9}{1.2196} - 30°$$

$$= 12.44°$$

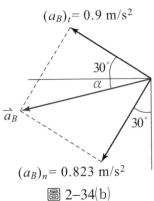

$(a_B)_t = 0.9 \text{ m/s}^2$

$(a_B)_n = 0.823 \text{ m/s}^2$

圖 2–34(b)

故　$\vec{a}_B = 1.2196 \text{ m/s}^2 \quad \diagup 12.44°$

由 $\vec{a}_{A/B} = \vec{a}_A - \vec{a}_B$ 或 $\vec{a}_A = \vec{a}_B + \vec{a}_{A/B}$ 及圖

2–34(c)可求得 A 相對於 B 之加速度

$a_{A/B}$ 為

$$a_{A/B}^2 = 1.2196^2 + 1.5^2 - 2 \times 1.2196 \times 1.5 \times \cos(180° - 12.44°)$$

故　$a_{A/B} = 2.704 \text{ m/s}^2$

而由

$$\frac{1.2196}{\sin\beta} = \frac{2.704}{\sin 167.56°}$$

得　$\beta = 5.56°$

故 A 車相對於 B 車之加速度 $\vec{a}_{A/B}$ 為 $2.704 \text{ m/s}^2 \quad \diagup 5.56°$

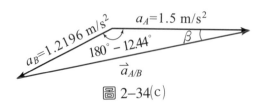

圖 2–34(c)

例　題　2-10

已知人造衛星之法線加速度若為 $g(\dfrac{R}{r})^2$ 則可無限期地以圓形軌道繞地球旋轉如圖 2-35 所示。其中 $g = 9.81 \text{ m/s}^2$ 為重力加速度，$R = 6370 \text{ km}$ 為地球半徑，r 為人造衛星距地球中心之距離。試求以 21600 km/h 之速度無限期繞地球旋轉之人造衛星其軌道距地表之高度為何？

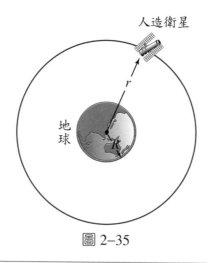

人造衛星

r

地球

圖 2-35

解　人造衛星速度

$$v = 21600 \text{ km/h} = 6000 \text{ m/s}$$

由法線加速度

$$a_n = g(\dfrac{R}{r})^2 = (9.81 \text{ m/s}^2) \times (\dfrac{6370 \times 1000}{r})^2$$

$$= \dfrac{3.981 \times 10^{14}}{r^2} \text{ m/s}^2$$

又　　$a_n = \dfrac{v^2}{r} = \dfrac{6000^2}{r} = \dfrac{3.6 \times 10^7}{r} \text{ m/s}^2$

故　　$r = \dfrac{3.981 \times 10^{14}}{3.6 \times 10^7} = 1.106 \times 10^7 \text{ m} = 11060 \text{ km}$

即軌道高度為

$$11060 - 6370 = 4690 \text{ km}$$

例　題　2-11

如圖 2-36 所示之裝置，套環 A 以纜繩與位在 O 處之滾筒連接，若 A 之速度為 v_0 向右，試以 v_0, b, θ 表示 $\dot{\theta}$。

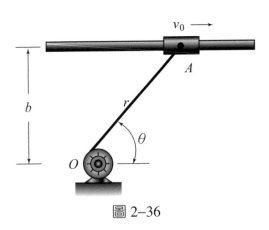

圖 2-36

解 由 $r = \dfrac{b}{\sin\theta}$ 及 (2-67) 式可得

$$v_r = \dot{r} = -b\frac{\cos\theta}{\sin^2\theta}\dot{\theta} \qquad v_\theta = r\dot{\theta} = \frac{b}{\sin\theta}\dot{\theta}$$

而　　$v_0^2 = v_r^2 + v_\theta^2 = (\frac{\cos^2\theta}{\sin^4\theta} + \frac{1}{\sin^2\theta})b^2\dot{\theta}^2 = \frac{b^2\dot{\theta}^2}{\sin^4\theta}$

得　　$v_0 = \pm\dfrac{b\dot{\theta}}{\sin^2\theta}$

因 v_0 向右對應正時針方向之 θ，故上式取負號，故

$$\dot{\theta} = -\frac{v_0}{b}\sin^2\theta$$

例　題　2-12

如圖 2-37 所示，兩半徑均為 a 之圓 A 及 B，A 為固定，B 則沿 A 之表面滾動，則 B 上之一點 P 之軌跡為所謂的心臟線 (cardioid)，其方程式可定義為 $r = 2a(1 + \cos\pi t)$ 及 $\theta = \pi t$，試求此曲線之速度及加速度大小分別為何？

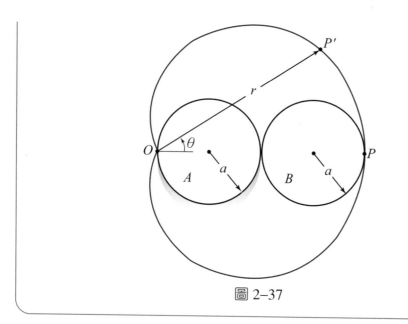

圖 2-37

解 由 $r = 2a(1 + \cos\pi t)$，則

$$\dot{r} = -2a\pi\sin\pi t \qquad \ddot{r} = -2a\pi^2\cos\pi t$$

同理

$$\theta = \pi t \qquad \dot{\theta} = \pi \qquad \ddot{\theta} = 0$$

由 (2-64) 式，$v_r = \dot{r}$ 及 $v_\theta = r\dot{\theta}$ 可得下式：

$$v_r = -2a\pi\sin\pi t \qquad v_\theta = 2a\pi(1 + \cos\pi t)$$

則質點之速度 $\bar{v}$ 大小為

$$v = \sqrt{v_r^2 + v_\theta^2} = \sqrt{8a^2\pi^2 + 4a^2\pi^2\cos\pi t}$$

$$= 2a\pi\sqrt{2 + \cos\pi t}$$

由 (2-68) 式，$a_r = \ddot{r} - r\dot{\theta}^2$ 及 $a_\theta = r\ddot{\theta} + 2\dot{r}\dot{\theta}$ 可得下式：

$$a_r = \ddot{r} - r\dot{\theta}^2 = -2a\pi^2\cos\pi t - 2a\pi^2(1 + \cos\pi t)$$

$$= -2a\pi^2(1 + 2\cos\pi t)$$

$$a_\theta = r\ddot{\theta} + 2\dot{r}\dot{\theta} = 0 + (-4a\pi^2\sin\pi t)$$

$$= -4a\pi^2\sin\pi t$$

則質點之加速度 $\vec{a}$ 的大小為

$$a = \sqrt{a_r^2 + a_\theta^2} = \sqrt{20a^2\pi^4 + 16a^2\pi^4\cos\pi t}$$
$$= 2a\pi^2\sqrt{5 + 4\cos\pi t}$$

習 題

12. 已知一質點之軌跡為 $\vec{r} = R\sin\pi t\vec{i} + ct\vec{j} + R\cos\pi t\vec{k}$，其中 R 及 c 均為常數，t 為時間，試求此質點之速度及加速度大小各為何？

13. 已知一質點之軌跡方程式為 $y = e^{2x}$，且其速度為定值 $v = 4$ m/s。試求在 $y = 5$ m 處此質點速度之 x 與 y 分量分別為何？

14. 已知一質點之運動軌跡定義如下：

$$x = 5(1 - e^{-t}), \quad y = \frac{5t}{t+1}$$

其中 x 及 y 之單位為公尺而 t 為秒，試求在 $t = 1$ 秒時之速度及加速度？

15. 如圖 2–38 所示，A 以 80 mm/s 沿斜坡下滑，其加速度為 50 mm/s² 沿斜坡向上；而 B 以 120 mm/s 之速度相對於 A 之速度向右移動，而其相對於 A 之加速度為 50 mm/s² 向右，試求 B 之速度及加速度各為何？

16. 如圖 2–39 所示，水柱以 25 m/s 之速度由噴嘴射出，試求在：(a)噴嘴處 A，(b)最高點 B 之曲率半徑各為何？

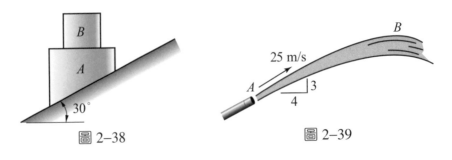

圖 2–38　　　　　　　　　　　　　圖 2–39

17. 參考圖 2–35 及例題 2–10 的說明，試求在距離地面 480 km 之軌道高度運行之人造衛星，其繞行地球之速率應為何？

18. 已知一火箭由 B 處垂直向上發射如圖 2–40 所示，而其運動由位於 A 處之雷達所偵測，試以 $b, \theta, \dot{\theta}$ 表示火箭之速度 v?

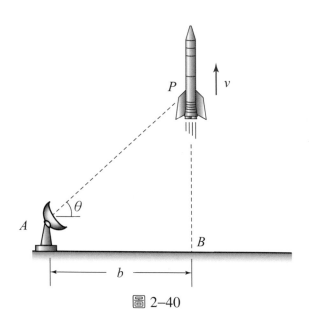

圖 2–40

19. 已知一質點之軌跡為 $r\theta = b$，其中 b 為常數且已知角速度 $\dot{\theta}$ 為常數，試以 b, $\theta, \dot{\theta}$ 表示此質點之速度及加速度大小?

20. 已知一質點之軌跡為 $r = e^{b\theta}$，其中 b 為常數，且已知角速度 $\dot{\theta}$ 為常數，試以 $b, \theta, \dot{\theta}$ 表示此質點之速度及加速度大小?

第三章
牛頓第二定律
——力與加速度

🌀 3-1 引 言

在前一章中對於質點運動的各項特性均有完整及廣泛的介紹與討論，其中有關質點運動的描述，位置、速度、加速度與時間之間的關係，更將在後續的章節中被加以應用。而在運動學之後所產生的一個根本的疑問是：「到底是什麼因素造成運動狀態的改變？」在回答這個問題之前，首先讓我們回顧一下在《應用力學——靜力學》中所分析與討論的情況，基本上其運動狀態是維持不變的，亦即處於平衡狀態。而在此平衡狀態下，除非沒有外力的作用，否則外力的合力必須為零。上述之論點即是牛頓在其第一定律中所提及的，而此定律亦稱為慣性定律。

由上述的討論不難看出，來自系統以外作用的力量其實是系統是否可以維持平衡的重要關鍵；運動狀態的改變，特別是加速度的改變，所代表的即是外力或外力的合力不為零。

本章所要探討的，即是在運動狀態改變的情況下，外力與加速度之間的關係。利用牛頓在 1687 年所提出的第二定律，可用以分析在受力狀態下物體的加速度。而本章仍以質點為討論的對象，有關剛體的力與加速度的關係將在第七章中再加以討論。

如第一章中所介紹的，牛頓第二定律可算得上是整個動力學理論的基礎，亦是進入動力學的門檻，初學者在此無法通過試煉者，亦將無法深究動力學之全貌。§3-5 節中將詳細討論牛頓第二定律及其在實際問題中的應用，配合繪製自由體圖建立運動方程式，若能仔細研讀並配合例題解說及習題演練必

能對整體觀念有所精進。

🌀 3-2 牛頓第二定律

牛頓所提出的第二定律——運動定律，基本上是由實驗結果所歸納而得到。此實驗可簡述為將質點以方向固定，且大小分別為 $F_1, F_2, F_3, \cdots$ 之外力分別加以作用，而所得到之加速度方向與外力方向一致，其大小經測量而得分別為 $a_1, a_2, a_3, \cdots$。若將每次作用之外力大小與所得之加速度大小間的比值作一比較，可以發現其維持定值，即

$$\frac{F_1}{a_1} = \frac{F_2}{a_2} = \frac{F_3}{a_3} = \cdots = 常數 \tag{3-1}$$

(3-1) 式代表質點本身一個非常重要的基本性質，稱為**慣性** (inertia)，或一般稱為**質量** (mass)，以 m 來表示。而牛頓第二定律則可簡述如下：若作用於質點之外力或其合力不為零，則此質點之加速度大小與外力大小成正比，而加速度之方向為沿外力或合力之方向。

若以 $\vec{F}$ 表示作用於質量為 m 之質點的外力，以 $\vec{a}$ 表示質點所產生的加速度，則牛頓第二定律可表示為

$$\boxed{\vec{F} = m\vec{a}} \tag{3-2}$$

若數力同時作用於質點，則 (3-2) 式可改寫為

$$\boxed{\sum \vec{F} = m\vec{a}} \tag{3-3}$$

其中 $\sum \vec{F}$ 為外力之合力。

(3-2) 式或 (3-3) 式若依公制（或 SI 制）單位系統，即質量以公斤 (kg)，長度以公尺 (m)，時間以秒 (s) 為基本單位，則力之單位為牛頓 (N)；換句話

說，使質量為 1 公斤之物體產生 1 m/s^2 加速度之力為 1 牛頓。若以美制（或 FPS 制）單位系統，即力量以磅 (lb)，長度以英呎 (ft)，時間以秒 (sec) 為基本單位，則使質量為 1 斯拉噶 (slug) 之物體產生 1 ft/sec^2 加速度之力為 1 磅。

　　若外力為零，或是外力之合力為零，則依 (3–2) 式或 (3–3) 式可知質點之加速度為零，意即質點之運動狀態將保持不變，此時原為靜止的將保持靜止；而原運動者將作等速度運動，且其軌跡為直線。上述的分析與靜力學中的平衡條件是一致的，因靜力平衡是以牛頓第一定律為理論依據，所以牛頓第一定律可算得上是牛頓第二定律的特殊情況。

🌀 3–3　牛頓參考座標

　　在使用牛頓第二定律即 (3–2) 式或 (3–3) 式來決定質點之加速度時，其參考座標的訂定並非是任意的，必須依照所謂的**牛頓參考座標** (Newtonian frame of reference) 或**慣性參考座標** (inertial frame of reference) 為基準。此類參考座標其座標軸的方向是固定的，不會隨著時間而轉動，同時其座標原點亦必須是固定不動或僅以等速度（零加速度）平移。依照如此的定義，可以保證在兩個不同的牛頓參考座標上的觀察者所測量到的質點加速度都是相同的。

　　一般在分析應用力學的問題時所慣用的固定座標系，即將座標系固定於地球表面上，嚴格說來並不能算是牛頓參考座標，因為地球本身的自轉以及繞太陽的公轉的緣故，使得此座標系並非真正的固定，而且座標軸方向亦隨時間轉動。依照這樣的參考座標系所測量而得的加速度本身即有誤差產生，但是對一般日常的工程問題而言，上述的誤差所導致結果的差異其實非常有限，更何況工程問題本身就包含了某種程度的誤差及裕度，所以使用固定於地表的參考座標系來分析一般之工程問題仍廣泛的被採用。當然在精確度需求較高的情況下，例如在計算火箭或衛星的相關問題上，使用符合牛頓參考座標定義的座標系仍然是必須的。

🌑 3-4　運動方程式

牛頓第二定律是用來建立質點之加速度與所受外力之間的關係，而這個關係以數學方程式的形式表示出來便是**運動方程式** (equation of motion)。在動力學的問題分析過程中，如圖 1-2 所示的步驟及過程，其中運動方程式的建立是要根據所採用的參考座標系，因此以下分別就第二章中所介紹的直角座標系、曲線座標系及圓柱座標系的運動方程式分別加以討論。

1.直角座標系

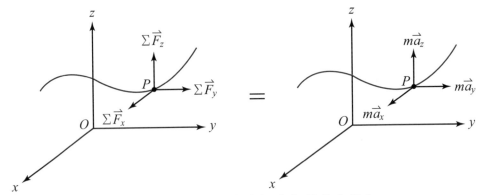

圖 3-1　質點在直角座標系之運動方程式

依直角座標系 $Oxyz$，則作用於質點 P 之外力的合力 $\sum \vec{F}$ 可以分解為沿 x, y, z 之分量如圖 3-1 所示，而依 (3-3) 式質點之運動方程式可以寫為

$$\sum \vec{F}_x + \sum \vec{F}_y + \sum \vec{F}_z = m\vec{a}_x + m\vec{a}_y + m\vec{a}_z \tag{3-4}$$

若 $\vec{i}, \vec{j}, \vec{k}$ 分別為沿 x, y, z 座標軸之單位向量，則 (3-4) 式可進一步表示為

$$\sum F_x \vec{i} + \sum F_y \vec{j} + \sum F_z \vec{k} = ma_x \vec{i} + ma_y \vec{j} + ma_z \vec{k} \tag{3-5}$$

(3-5) 式之向量方程式可以寫成如下之三個純量方程式，而此三個純量方程式亦可視為是質點沿各該座標軸之運動方程式。即

$$\sum F_x = ma_x = m\ddot{x}$$
$$\sum F_y = ma_y = m\ddot{y} \tag{3-6}$$
$$\sum F_z = ma_z = m\ddot{z}$$

2. 曲線座標系

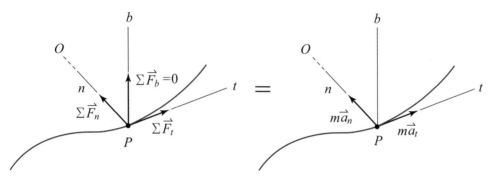

圖 3-2　質點在曲線座標系之運動方程式

　　依 §2-9 節對質點運動之切線 (t)、法線 (n) 及副法線 (b) 之定義，則 (3-3) 式可以表示成

$$\sum \vec{F}_t + \sum \vec{F}_n + \sum \vec{F}_b = m\vec{a}_t + m\vec{a}_n \tag{3-7}$$

　　依照曲線座標系之定義，質點運動均發生於密切面，即以切線方向 t 及法線方向 n 所定義之平面，故質點在副法線方向 b 不會有運動，此為 (3-7) 式中沒有 b 方向之加速度 a_b 項的原因。

　　若以 $\vec{e}_t$, $\vec{e}_n$ 及 $\vec{e}_b$ 分別代表沿座標軸方向 t, n 及 b 之單位向量，則 (3-7) 式可進一步寫成

$$\sum F_t \vec{e}_t + \sum F_n \vec{e}_n + \sum F_b \vec{e}_b = ma_t \vec{e}_t + ma_n \vec{e}_n \tag{3-8}$$

而沿三個座標軸方向之純量方程式可由 (3-8) 式及 (2-57) 式表示如下：

$$\sum F_t = ma_t = m\frac{dv}{dt}$$

$$\sum F_n = ma_n = m\frac{v^2}{\rho} \qquad (3\text{-}9)$$

$$\sum F_b = ma_b = 0$$

上式中 $\sum F_n$ 因其方向永遠指向曲率中心 O，故亦稱為向心力 (centripetal force)。

3.圓柱座標系

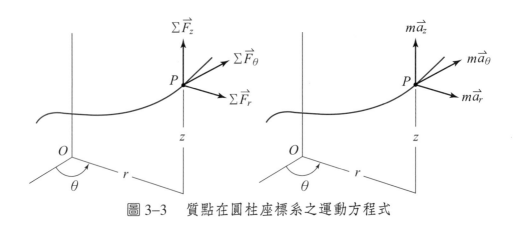

圖 3-3　質點在圓柱座標系之運動方程式

依 §2-10 節對質點運動之徑向 (r)、橫向 (θ) 及高度 (z) 之定義，則 (3-3) 式可以表示成

$$\sum \vec{F}_r + \sum \vec{F}_\theta + \sum \vec{F}_z = m\vec{a}_r + m\vec{a}_\theta + m\vec{a}_z \qquad (3\text{-}10)$$

若以 $\vec{e}_r$、$\vec{e}_\theta$ 及直角座標之 $\vec{k}$ 代表三個座標軸方向 r, θ 及 z 之單位向量，則 (3-10) 式可進一步寫成

$$\sum F_r\vec{e}_r + \sum F_\theta\vec{e}_\theta + \sum F_z\vec{k} = ma_r\vec{e}_r + ma_\theta\vec{e}_\theta + ma_z\vec{k} \qquad (3\text{-}11)$$

而沿三個座標軸方向之純量方程式可由 (3-11) 式及 (2-68) 式表示如下：

$$\sum F_r = ma_r = m(\ddot{r} - r\dot{\theta}^2)$$

$$\sum F_\theta = ma_\theta = m(r\ddot{\theta} + 2\dot{r}\dot{\theta})$$ (3–12)

$$\sum F_z = ma_z = m\ddot{z}$$

❸ 3–5　力與加速度之分析及應用

在靜力學中的平衡分析是針對質點在不受外力作用或外力之合力為零的情況下以自由體圖 (free-body diagram) 或分離體圖來分析質點之受力並進而列出及求解平衡方程式。在上述過程中自由體圖事實上扮演著非常重要且關鍵的角色，因為沒有完整而正確的自由體圖，就不可能列出正確的平衡方程式，當然更無法求得未知數的正確解答。

在 §3–4 節中所討論的運動方程式不論以何種參考座標系來表示，其與靜力平衡方程式最大的不同在於運動方程式其等號右側不為零，而為 $m\vec{a}$。因此在力與加速度的分析上，單純的使用自由體圖是不足的，必須使用如前述 §3–4 節中的圖 3–1、圖 3–2 及圖 3–3 來反映質點之受力狀況，並進而列出及求解運動方程式。

圖 3–4 所示為進行力與加速度分析時所繪製之分析圖，其基本原理仍源自牛頓第二定律，而其架構則包括自由體圖及運動力圖 (kinetic diagram) 兩部份，前者與靜力平衡分析時所作完全相同，而後者則是因自由體圖中外力之合力不為零所產生的向量 $m\vec{a}$。自由體圖與運動力圖之間對應相等的關係即是運動方程式 $\sum \vec{F} = m\vec{a}$ 之圖形對照，利用圖 3–4 及符合牛頓參考座標之座標系統，可以將運動方程式 $\sum \vec{F} = m\vec{a}$ 分解成數個純量方程式，而未知數即可透過將這些方程式聯立的方式加以求出。

與自由體圖是靜力平衡分析過程中最重要之步驟一樣，圖 3–4 之分析圖亦是力與加速度分析過程中最重要之步驟，卻也最易為初學者所忽略。在接下來的例題中，將會充份展現此部份之觀念，而勤於動手配合實際演練仍將是學好牛頓第二定律之唯一途徑。

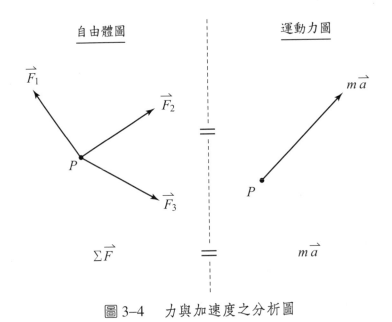

圖 3-4　力與加速度之分析圖

例　題　3-1

一質量為 100 kg 之物體，在靜止狀態下受到一與水平成 30° 俯角之外力 $\vec{F}$ 的作用，如圖 3-5 所示。若物體與接觸面間的靜摩擦係數為 0.2，動摩擦係數為 0.1，試求當 (a) $F = 200$ N　(b) $F = 300$ N 時，物體之加速度各為何？

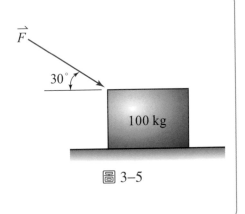

圖 3-5

解 (a)由圖 3-6 左邊之自由體圖，首先必須先確定運動是否產生，即應先判斷水平方向之外力 $F\cos30°$ 是否大於最大靜摩擦力，否則運動無法產生。

依圖 3-6 之分析圖可知，y 方向並無運動產生之可能，故左邊自由體圖 y 方向之合力應為零，即

$$\sum F_y = 0; \quad N - W - F\sin30° = 0$$

將 $W = 981$ N 及 $F = 200$ N 代入上式，得 $N = 1081$ N

由最大靜摩擦力

$$f_s = \mu_s N = 0.2 \times 1081 = 216.2 \text{ N} > F\cos30°$$

當 $F = 200$ N 時，水平方向之作用力小於最大靜摩擦力，故物體維持靜止，其加速度仍保持為零。

(b)當 $F = 300$ N，則正向力 N 為

$$N = W + F\sin30° = 981 + 300 \times 0.5 = 1131 \text{ N}$$

而最大靜摩擦力

$$f_s = \mu_s N = 0.2 \times 1131 = 226.2 \text{ N} < F\cos30°$$

故運動產生，可進行如下之加速度分析：

由圖 3-6 可得運動方程式可以表示為

$$\sum F_x = ma \text{；} F\cos30° - f_k = 100a$$

其中動摩擦力 f_k 為

$$f_k = \mu_k N = 0.1 \times 1131 = 113.1 \text{ N}$$

故加速度 a 為

$$a = \frac{F\cos30° - f_k}{100} = \frac{300 \times \cos30° - 113.1}{100} = 1.46 \text{ m/s}^2$$

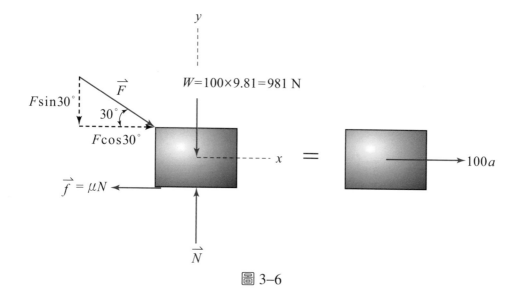

圖 3-6

例 題 3-2

如圖 3-7 所示，不計滑輪摩擦，
已知 A 重 20 N，B 重 10 N，外力
25 N 施於 A 且所有接觸面動摩
擦係數均為 0.3，試求：

(a) A 之加速度？ (b) 繩之張力？

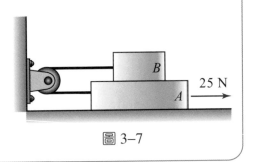

圖 3-7

解 依相依運動之觀念，A 與 B 之加速度大小應相同，故可假設

$$a_A = a_B = a$$

由圖 3-8(a)之分析圖，B 之運動方程式可以表示成

$$\begin{cases} \Sigma F_y = 0; \ N_B - 10 = 0 \\ \Sigma F_x = m_B a; \ T - f_B = \dfrac{10}{g}a \end{cases}$$

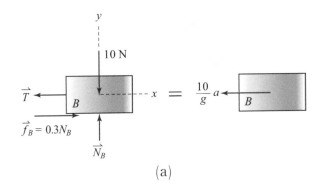

(a)

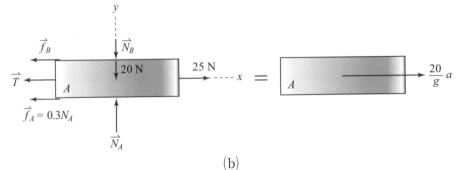

(b)

圖 3-8

因 $f_B = 0.3 N_B = 0.3 \times 10 = 3 \text{ N}$，故

$$T - 3 = \frac{10}{g} a \quad\cdots\cdots\cdots\cdots\cdots\cdots\cdots\cdots\cdots\cdots\cdots (1)$$

同理，依圖 3–8(b)，A 之運動方程式可以寫為

$$\begin{cases} \Sigma F_y = 0; \ N_A - 20 - N_B = 0 \\ \Sigma F_x = m_A a; \ 25 - T - f_A - f_B = \dfrac{20}{g} a \end{cases}$$

因 $N_A = 20 + N_B = 30$，故

$$f_A = 0.3 N_A = 9 \text{ N}$$

故 $25 - T - 9 - 3 = \dfrac{20}{g} a$，即

$$13 - T = \frac{20}{g} a \quad\cdots\cdots\cdots\cdots\cdots\cdots\cdots\cdots\cdots\cdots\cdots (2)$$

將(1)式與(2)式聯立後可解得 A 之加速度 a 為

$$\frac{30}{g} a = 10 \text{ 或 } a = \frac{10 \times 9.81}{30} = 3.27 \text{ m/s}^2 \quad\cdots\cdots\cdots\cdots (a)$$

而繩之張力 T 為

$$T = 3 + \frac{10}{9.81} \times 3.27 = 6.33 \text{ N} \quad\cdots\cdots\cdots\cdots\cdots\cdots\cdots (b)$$

注意圖 3–8 提供了以下幾點值得討論之處：

⑴依外力作用之方向，所以 A 之加速度方向設為與外力相同，則 B 之加速度方向依相依運動應與 A 相反。在其他的問題中若遇到解出之加速度為負值，則可知物體實際運動方向應與假設方向相反。

⑵在圖 3–8(b)中，N_B 及 f_B 均依牛頓之作用與反作用定律將其方向指向與圖 3–8(a)中相反之方向，這種情況在互相接觸的兩質點間均會出現，應特別注意。

⑶摩擦力之方向與運動方向相反，故圖 3–8(a)中之 f_B 與 B 之加速度方向相反，而圖 3–8(b)中之 f_A 與 A 之加速度方向相反。

⑷張力之方向應以維持繩為拉緊之狀態，故張力之方向應遠離質點。

⑸運動方程式 $\Sigma \vec{F} = m\vec{a}$ 應以運動力圖中之加速度 $\vec{a}$ 的方向為正向，可避

免等號兩邊正負號不一致的錯誤。所以依圖 3–8(a)所寫出之運動方程式，等號左邊之張力 T 與等號右邊之加速度 a 應同號。同理，依圖 3–8(b)所寫出之運動方程式，等號左邊之張力 T、摩擦力 f_A 及反作用力 f_B 均應與等號右邊之加速度 a 異號。

(6)沒有圖 3–8，就無法列出運動方程式，更無法解出加速度及張力，分析圖之重要可見一斑。

例 題 3–3

A, B 兩質點重量均為 100 N，分別置於斜面上且以繩索相連如圖 3–9 所示。已知接觸面之動摩擦係數均為 0.1 且不計滑輪質量及摩擦，試求：
(a) A, B 之加速度各為何？ (b)繩之張力為何？

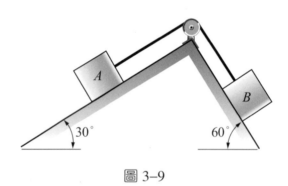

圖 3–9

解 因 A 與 B 之加速度大小相同，故假設 $a_A = a_B = a$

由圖 3–10(a)可得 A 之運動方程式為

$$\begin{cases} \Sigma F_y = 0; \quad N_A - 100\cos30° = 0 \\ \Sigma F_x = m_A a; \quad T - 100\sin30° - f_A = (\dfrac{100}{g})a \end{cases}$$

由 $f_A = 0.1N_A = 10\cos30°$，故

$$T - 100\sin30° - 10\cos30° = (\frac{100}{g})a \quad\text{............................} (1)$$

同理，由圖 3–10(b)可得 B 之運動方程式為

$$\begin{cases} \Sigma F_y = 0\,; \quad N_B - 100\cos 60° = 0 \\ \Sigma F_x = m_B a\,; \quad 100\sin 60° - T - f_B = (\dfrac{100}{g})a \end{cases}$$

由 $f_B = 0.1 N_B = 10\cos 60°$，故

$$100\sin 60° - T - 10\cos 60° = (\frac{100}{g})a \quad\cdots\cdots\cdots\cdots\cdots\cdots (2)$$

將(1)與(2)聯立可得 $a = 1.125 \text{ m/s}^2$，$T = 7.013 \text{ N}$，故

A 之加速度為 $1.125 \text{ m/s}^2 \; \angle 30°$

B 之加速度為 $1.125 \text{ m/s}^2 \; \diagdown 30°$ $\cdots\cdots\cdots\cdots\cdots\cdots$ (a)

繩之張力為 7.013 N $\cdots\cdots\cdots\cdots\cdots\cdots\cdots\cdots\cdots$ (b)

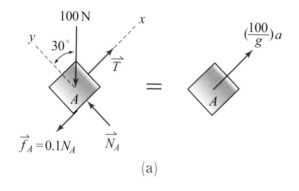

(a)

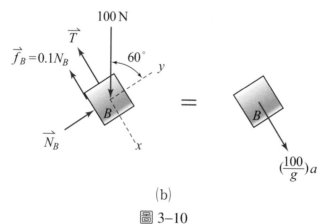

(b)

圖 3–10

例 題 3-4

依圖 3-11 及例題 3-3 之敘述條件，試求：

(a) A 及 B 之加速度為何？　(b)繩之張力為何？

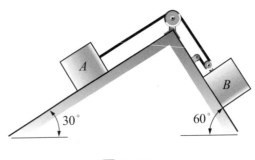

圖 3-11

解 依圖 3-11 及相依運動之分析可以得知 A 之加速度大小為 B 的兩倍，即

$$a_A = 2a_B = a$$

因無法預知運動將朝何方向開始，故先假設 B 之加速度方向為沿 60° 斜面向下，則 A 之分析圖可參考圖 3-10(a)所示。由例題 3-3 可得 A 之運動方程式為

$$T - 100\sin 30° - 10\cos 30° = (\frac{100}{g})a \quad\text{(1)}$$

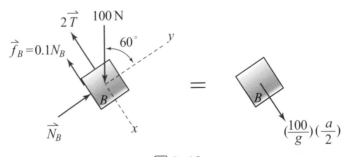

圖 3-12

參考圖 3-12 可得 B 之運動方程式為

$$\begin{cases} \sum F_y = 0; \quad N_B - 100\cos 60° = 0 \\ \sum F_x = m_B a_B; \quad 100\sin 60° - 2T - f_B = (\dfrac{100}{g})(\dfrac{a}{2}) \end{cases}$$

由 $f_B = 0.1N_B = 10\cos 60°$，故

$$100\sin 60° - 2T - 10\cos 60° = (\dfrac{50}{g})a \cdots\cdots\cdots\cdots\cdots (2)$$

將(1)與(2)聯立後可解得 $a = -1.402 \text{ m/s}^2$, $T = 72.952 \text{ N}$

因解出之 a 為負值，故加速度之實際方向應與假設方向相反，即

$$\vec{a}_A = 1.402 \text{ m/s}^2 \nearrow 30°$$

$$\vec{a}_B = 0.701 \text{ m/s}^2 \searrow 60° \cdots\cdots\cdots\cdots\cdots (a)$$

$$張力 \ T = 72.952 \text{ N} \cdots\cdots\cdots\cdots\cdots (b)$$

例題 3-5

已知 A 與 B 之重量分別為 20 N 及 30 N，且 A 與斜面間之動摩擦係數為 0.25，而 B 與斜面間之動摩擦係數為 0.15，如圖 3-13 所示。若 A 與 B 釋放時為接觸之狀態，試求由靜止釋放後：

(a) A 與 B 之加速度各為何？　(b) B 施於 A 之力量為何？

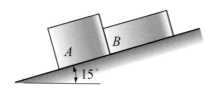

圖 3-13

解 A 與 B 之間若維持接觸下滑，則 B 必施加力量於 A，宛如是 B「推」A 下滑一般，此時可假設 $a_A = a_B = a$；若依此假設且計算所得之 B 施於 A 的作用力亦為正值，則假設成立，否則 A 與 B 將依不同之加速度分別下滑。

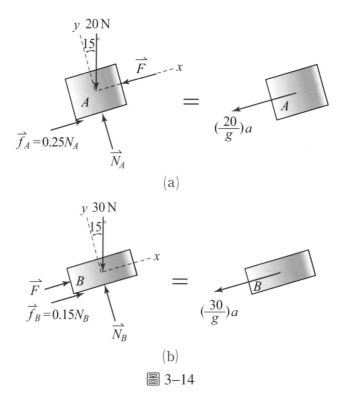

(a)

(b)

圖 3–14

參考圖 3–14(a)，其中 F 為 B 施於 A 之力量，則運動方程式為

$$\begin{cases} \sum F_y = 0; & N_A - 20\cos15° = 0 \\ \sum F_x = m_A a; & F + 20\sin15° - f_A = (\dfrac{20}{g})a \end{cases}$$

由 $f_A = 0.25N_A = 4.83 \text{ N}$，故

$$F + 0.346 = (\frac{20}{g})a \quad\text{………………………………………} (1)$$

同理，參考圖 3–14(b)，則 B 之運動方程式可寫為

$$\begin{cases} \sum F_y = 0; & N_B - 30\cos15° = 0 \\ \sum F_x = m_B a; & 30\sin15° - F - f_B = (\dfrac{30}{g})a \end{cases}$$

由 $f_B = 0.15N_B = 4.35 \text{ N}$，故

$$3.41 - F = (\frac{30}{g})a \quad\text{………………………………………} (2)$$

將(1)與(2)聯立後可解得 $a = 0.737 \text{ m/s}^2$, $F = 1.157 \text{ N}$，因 F 與 a 均為

正值，代表 A 與 B 維持接觸一起下滑，故

$$\vec{a}_A = \vec{a}_B = 0.737 \text{ m/s}^2 \nearrow 15° \dotfill \text{(a)}$$

B 施於 A 之作用力為 1.157 N $\dotfill$ (b)

例　題 3-6

一質量為 m 之小圓球繫於長度為 L 之繩的末端，並於一水平面上作等速圓周運動，如圖 3-15 所示。若繩與鉛直方向成 θ 角，試求此圓球在水平面上作等速圓周運動之速率為何?

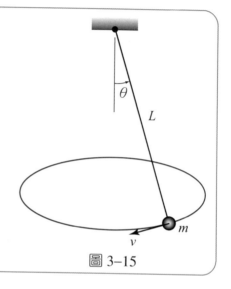

圖 3-15

解 此小圓球於鉛直面上之受力狀況如圖 3-16 所示，則運動方程式可以寫為

$$\begin{cases} T\cos\theta - mg = 0 \\ T\sin\theta = ma_n \end{cases}$$

化簡可得

$$a_n = g\tan\theta$$

因水平面上之圓周運動之半徑為 $L\sin\theta$，速率為 v，故由向心加速度 a_n 為

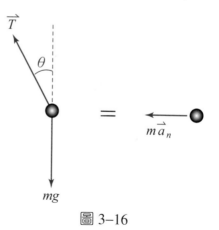

圖 3-16

$$a_n = \frac{v^2}{\rho} = \frac{v^2}{L\sin\theta} = g\tan\theta$$

即速率 v 為

$$v = \sqrt{gL\sin\theta\tan\theta} \ \text{或} \ v = \sqrt{gL\sec\theta}\sin\theta$$

例 題 3-7

一般供汽車行駛的道路在彎道的路段部份通常會配合車速設計路面的傾斜角 (banking angle)，如圖 3-17(b)所示。如此可以防止汽車通過時產生側向的摩擦，避免發生滑出車道甚至翻覆的危險。若在時速限制為 100 km/hr 的高速公路上有一段半徑為 150 m 的彎道，試求此彎道路段之傾斜角 θ 應為何?

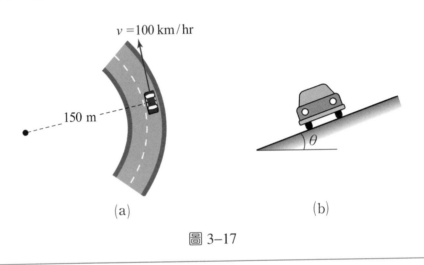

圖 3-17

解

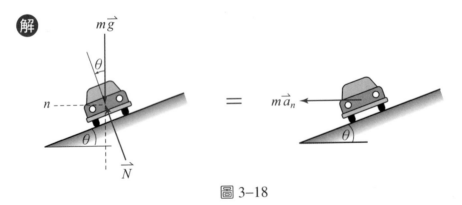

圖 3-18

依圖 3-18 所示，則運動方程式可以寫為

$$\begin{cases} \sum F_y = 0; \quad N\cos\theta - mg = 0 \\ \sum F_n = ma_n; \quad N\sin\theta = ma_n \end{cases}$$

整理得

$$a_n = g\tan\theta$$

又由向心加速度 $a_n = \dfrac{v^2}{\rho}$，則

$$\tan\theta = \frac{v^2}{g\rho} \ 或 \ \theta = \tan^{-1}\frac{v^2}{g\rho}$$

以 $v = 100 \text{ km/hr} = 27.78 \text{ m/s}$, $g = 9.81 \text{ m/s}^2$, $\rho = 150 \text{ m}$ 代入得

$$\theta = \tan^{-1}\frac{27.78^2}{9.81 \times 150} = 27.671°$$

由以上之結果可知傾斜角之設計與汽車之重量無關。

例 題 3-8

一個小圓球沿圓錐內側之水平圓形軌跡作等速圓周運動，假設此圓形軌跡距圓錐底部為 y，試證小圓球之圓周運動之速率 v 為

$$v = \sqrt{gy}$$

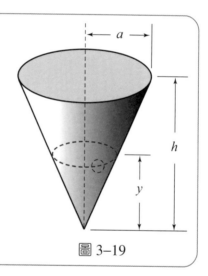

圖 3-19

 依圖 3-20，則運動方程式為

$$\begin{cases} N\sin\theta - mg = 0 \\ N\cos\theta = ma_n \end{cases}$$

化簡得

$$a_n = g\cot\theta$$

而由 $a_n = \dfrac{v^2}{x}$，故

$$v^2 = a_n x = gx\cot\theta$$

圖 3-20

依圓錐之幾何關係 $\cot\theta = \dfrac{y}{x}$ 代入上式得

$$v^2 = gy \text{ 或 } v = \sqrt{gy}$$

故得證。

例　題 3-9

一質量為 m 之物體 B 可在無摩擦之 OA 桿上滑動，如圖 3-21 所示。已知 OA 桿以 $\dot\theta_0$ 之定角速度繞 O 點轉動，而 OA 桿轉動之同時會帶動一絞盤收縮纜繩，使 B 以 $b\dot\theta_0$ 之速度向 O 點靠近，試求：

(a)繩之張力 T?

(b) B 作用於 OA 桿上之水平力 Q 為何?

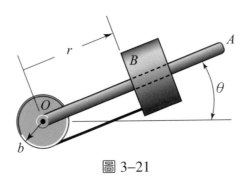

圖 3-21

解 假設當 $\theta = 0$ 時，即輪鼓未轉動時，OB 間的距離為 r_0，則

$$r = r_0 - b\theta$$

將 r 分別對時間微分一次及兩次可得 $\dot r$ 及 $\ddot r$ 為

$$\dot r = -b\dot\theta = -b\dot\theta_0 \quad (\because \theta = \theta_0)$$

$$\ddot r = 0 \quad (\because \dot\theta_0 = \text{定值})$$

則由圓柱座標之加速度 a_r 及 a_θ 或 (2-68) 式可得

$$a_r = \ddot r - r\dot\theta^2 = -r\dot\theta_0^2$$

$$a_\theta = r\ddot\theta + 2\dot r\dot\theta = -2b\dot\theta_0^2$$

由圖 3–22 可知，

$$\sum F_r = ma_r; \quad -T = ma_r = -mr\dot{\theta}_0^2$$

$$\sum F_\theta = ma_\theta; \quad Q = ma_\theta = m(-2b\dot{\theta}_0^2)$$

故繩之張力

$$T = mr\dot{\theta}_0^2 \quad\text{...(a)}$$

B 作用於 OA 桿之力 Q 的大小

$$Q = 2mb\dot{\theta}_0^2 \quad\text{...(b)}$$

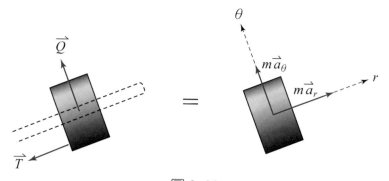

圖 3–22

例 題 3–10

質量為 200 g 之滑塊 C 可在如圖 3–23 所示之溝槽內滑動，此溝槽位於 AB 桿件上且在一水平面上以 $\dot{\theta}_0 = 12$ rad/s 之定速轉動，槽內有彈簧常數為 $k = 36$ N/m 之彈簧，一端繫於 A，另一端則繫於滑塊 C 上，且此彈簧之自由長度為 $\overline{OA}$。現已知滑塊通過 $r = 400$ mm 處時徑向速度 $v_r = 1.8$ m/s，不計任何摩擦。試求：

(a)滑塊之徑向及橫向加速度？

(b)滑塊相對於 AB 桿之速度？

(c)滑塊施於 AB 桿之力量？

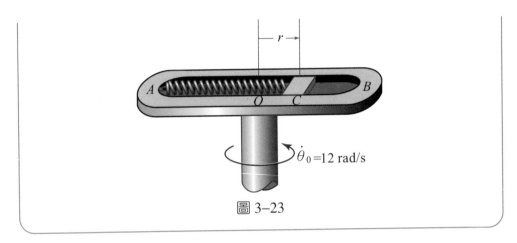

圖 3-23

解

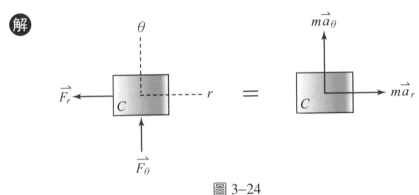

圖 3-24

(a)此滑塊之受力包括彈簧之收縮力 $\vec{F}_r$ 及桿件之正向力 $\vec{F}_\theta$，如圖 3–24 所示，則滑塊之運動方程式為

$$\Sigma F_r = ma_r \; ; \; -kr = ma_r$$

故徑向加速度

$$a_r = \frac{-(36 \text{ N/m})(0.4 \text{ m})}{(0.2 \text{ kg})} = -72 \text{ m/s}^2$$

負號代表加速度朝向旋轉中心 O 點。

而橫向加速度 a_θ 由 (2–68) 式可知

$$a_\theta = r\ddot{\theta} + 2\dot{r}\dot{\theta} = (0.4 \text{ m})(0) + 2(1.8 \text{ m/s})(12 \text{ rad/s}) = 43.2 \text{ m/s}^2$$

(b)由 (2–68) 式可知 $a_r = \ddot{r} - r\dot{\theta}^2$，則滑塊 C 相對於桿 AB 之加速度 $\ddot{r}$ 為

$$\ddot{r} = a_r + r\dot{\theta}^2 = (-72 \text{ m/s}^2) + (0.4)(12 \text{ rad/s})^2 = -14.4 \text{ m/s}^2$$

上式中的負號代表加速度朝旋轉中心 O 點。

(c)由運動方程式

$$\sum F_\theta = ma_\theta = (0.2 \text{ kg})(43.2\text{m/s}^2) = 8.64 \text{ N}$$

習題

1. A 之質量 25 kg 而 B 之質量 15 kg，所有接觸面之動摩擦係數 $\mu_k = 0.15$，外力 $P = 250$ N 作用於 A，如圖 3–25 所示。試求：

　(a) A 之加速度？　(b)繩之張力？

2. 如圖 3–26 所示，A 之質量為 100 kg 而 B 之質量為 25 kg，系統由靜止被釋放，試求：

　(a) A 及 B 之加速度各為何？　(b)繩之張力若干？

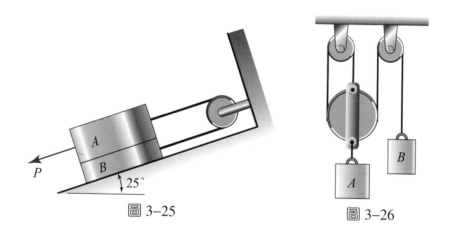

圖 3–25　　　　　　　　　圖 3–26

3. 靜止之輸送帶上有 A, B 兩物體如圖 3–27 所示，重量分別為 60 N 及 75 N，且已知 A 與輸送帶之間的動摩擦係數為 0.2 而 B 為 0.1，若現在輸送帶突然開始向右運動導致物體的滑動產生，試求：

　(a) A 與 B 之加速度各為何？　(b) A 施於 B 之力量為何？

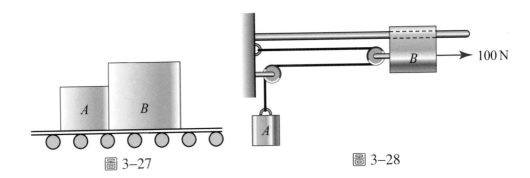

圖 3-27　　　　　　　　圖 3-28

4. 如圖 3-28 所示，100 N 之外力作用於質量為 12 kg 之物體 B，而其配重 A 之質量為 2 kg，若不計摩擦，試求：

　(a) A 及 B 之加速度各為何？　　(b)繩之張力為何？

5. 6 kg 之物體 B 置於 10 kg 之托架 A 上如圖 3-29 所示，已知 B 與 A 之間靜摩擦係數 0.3、動摩擦係數 0.25，而 A 與水平地面間無任何摩擦。試求：

　(a)若 B 與 A 之間沒有任何滑動現象，則外力 P 之最大值可為何？

　(b)續(a)，托架 A 之加速度為何？

6. 30 kg 之 A 靜止放置於 20 kg 之 B 車上如圖 3-30 所示，已知 A 與 B 之間的靜摩擦係數 0.25，若 B 受到 $\vec{P}$ 之外力的作用且 A 與 B 之間無滑動產生，試求：

　(a)最大之外力 P 值為何？　　(b)續(a)，B 之加速度為何？

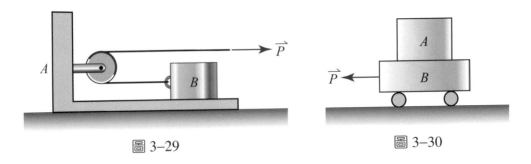

圖 3-29　　　　　　　　圖 3-30

7.續第 6 題，若 A 與 B 之間的靜摩擦係數 $\mu_s = 0.25$ 而動摩擦係數 $\mu_k = 0.2$，作用於 B 車之外力大小 $P = 150$ N，試求：

　(a) A 與 B 之加速度各為何？　　(b) A 相對於 B 之加速度為何？

8. 15 N 重之 B 置於 25 N 重之 A 的上方如圖 3–31 所示，不計任何摩擦，若系統由靜止狀態被釋放，試求：

(a) A 之加速度為何？　(b) B 相對於 A 之加速度為何？

9. 質量為 15 kg 之 B 以 2.5 m 之繩懸吊於質量為 20 kg 之 A 的下方，不計任何摩擦，若系統由圖 3–32 所示之位置靜止被釋放，試求釋放之瞬間：

(a) A 之加速度為何？　(b) 繩之張力為何？　(c) B 相對於 A 之加速度為何？

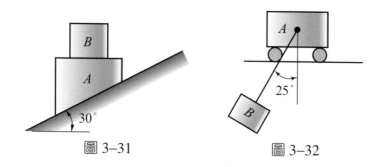

圖 3–31　　　　　　　　　　圖 3–32

10. A 與 B 之質量均為 50 kg，如圖 3–33 所示置於 15° 之斜面上，已知 B 與 A 之間 $\mu_s = 0.15$, $\mu_k = 0.1$，而 A 與斜面間 $\mu_s = 0.25$, $\mu_k = 0.2$，若由靜止狀態被釋放，試求：

(a) A 之加速度為何？　(b) B 之加速度為何？

11. 質量 $m = 3$ kg 之球繫於 $L = 0.8$ m 之繩的末端，並於一鉛直面上擺動如圖 3–34 所示，已知在 $\theta = 60°$ 時繩之張力為 25 N，試求該瞬間球之速度及加速度之大小各為若干？

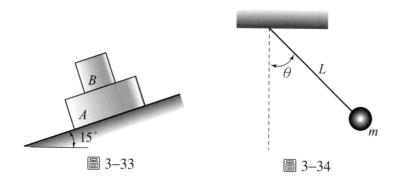

圖 3–33　　　　　　　　　　圖 3–34

12. 一段繩子通過一小圓球上之環 C 並將兩端繫於 A, B 如圖 3–35 所示，若此小圓球於一水平面上以半徑為 1.6 m 作等速圓周運動，求此速率 v 為何？

13. 續上題，若 AC 段及 BC 段為兩段不同之繩子同時繫於圓球 C 上，若兩段繩子在圓球作圓周運動時均保持拉緊的狀態，試求圓球速度之可能範圍？

14. 如圖 3–36，一摩托車騎士欲以 54 km/hr 之時速通過一段半徑為 50 m 之圓弧形道路，若此段道路為平坦無傾斜，且輪胎無橫向滑動之現象，試求此騎士需將車身側傾之角度 θ 以便通過此彎道？

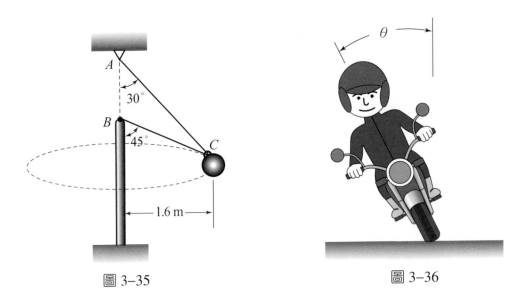

圖 3–35　　　　　　　　　　　　　圖 3–36

15. 續第 14 題，若輪胎與地面間之靜摩擦係數為 0.8，在沒有輪胎橫向滑動之情況下，試求：

　(a)通過此路段之最高時速為何？

　(b)對應之車身側傾角度為何？

16. OA 桿上之溝槽帶動質量為 1 kg 之滑塊上的銷 B 使滑塊移動如圖 3–37 所示，若此裝置位於一水平面上且 OA 桿以順時針 3 rad/s 之定角速度轉動，不計任何摩擦，試求：

　(a)滑塊之加速度為何？

　(b)桿施於銷之力為何？

　(c)滑塊所受到之正向力為何？

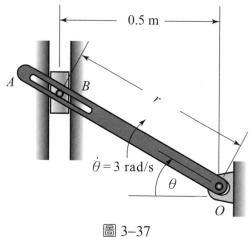

圖 3-37

17. 質量為 100 g 之銷 B 可同時在 OC 桿及 DE 桿上之溝槽內自由滑動如圖 3-38 所示，已知圓弧形之 DE 桿其半徑 b 為 0.5 m 且 OC 桿以逆時針 12 rad/s 之定角速度轉動，若整個裝置位於一水平面上且 $\theta = 30°$，不計摩擦及任何阻力，試求：

(a) 銷 B 沿徑向及橫向之加速度各為何？

(b) DE 桿施於銷之力為何？

(c) OC 桿施於銷之力為何？

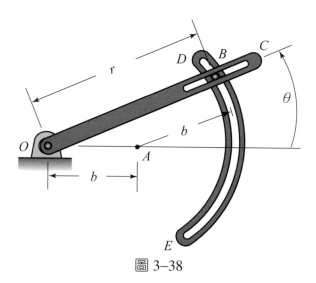

圖 3-38

第四章
質點運動力學
——功與能

🌐 4-1　牛頓第二定律之外

　　利用第二章的運動學及第三章的牛頓第二定律，事實上已經可以處理許多工程上的問題，亦即透過質點所受到之外力或外力的合力來求得質點的加速度。但是假如加速度並不是分析所要的結果，而是其他運動的物理量，如速度、位置甚至時間的話，則利用牛頓第二定律所求得的加速度反而造成處理上的困難；例如由加速度欲透過積分以求得速度或位置，很可能因非線性的關係而需求諸於數值方法，如此一來便無法達到迅速及效率的要求。因此在牛頓第二定律之外，根據所面臨問題之不同，尋求快速而有效的分析方法便成為現階段迫切的重點。

　　利用牛頓第二定律並結合運動學中的觀念，可以衍生出兩個非常重要的原理，分別是本章的**功與能原理** (Principle of Work and Energy) 及第五章的**衝量與動量原理** (Principle of Impulse and Momentum)。利用這兩個原理可以在不必求出加速度的情況下，建立外力與位置、速度及時間之間的關係。

　　本章係以能量的觀點來分析質點受力後的運動狀況，先由外力沿位移方向作功的基本定義來求得質點的動能於外力作用前後的變化，以此建立功與能原理。再導入保守力所具有的位能的特性，可以進一步建立**機械能守恆** (Conservation of Mechanical Energy) 的觀念，而若能考慮非保守力所耗損的能量，則廣義的**能量守恆** (Conservation of Energy) 亦可被建立及應用。

📀 4-2　功之定義

　　考慮一質點之運動受到外力 $\vec{F}$ 的作用如圖 4-1 所示，由位置 A 移動至位置 A'，則由 A 到 A' 之向量 $d\vec{r}$ 即是位移，而外力所作之功 (work) 定義為外力沿位移方向之分量大小與位移的乘積，以 dU 表示，若以向量之純量積表示為

$$dU = \vec{F} \cdot d\vec{r} \tag{4-1}$$

而依照向量純量積之定義，即兩向量之純量積等於兩向量大小之乘積乘以兩向量夾角之餘弦值，故依圖 4-1 之定義，(4-1) 式可以表示為

$$dU = F\cos\alpha\, ds \tag{4-2}$$

上式中的 ds 為質點由 A 到 A' 之移動距離。

　　依 (4-2) 式可以得知若外力與位移之間所夾角度 α 為銳角，則 dU 為正值，即外力作正功；反之若 α 為鈍角，則 dU 為負值，外力作負功；而若 α 為 90 度，則 dU 為零，即外力不作功。

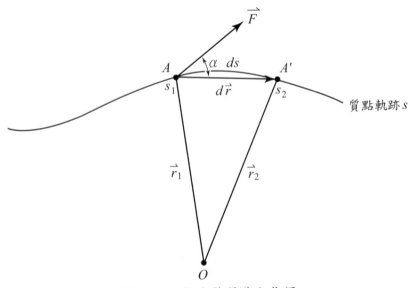

圖 4-1　外力對質點之作用

功的單位是力及位移單位的組合，在公制或 SI 制單位系統中，以牛頓‧米 (N‧m) 為功的單位；而在美制或 U.S. 單位系統中則是以英呎‧磅 (ft‧lb) 或英吋‧磅 (in‧lb) 為單位。基本上功的單位與能量的單位是相同的，故 SI 制的牛頓‧米亦稱為**焦耳** (joule)。

🌑 4-3 外力所作之功

(4-1) 式及 (4-2) 式是在微小位移 (infinitesimal displacement) 下的功 dU，若針對如圖 4-1 中由 A 到 A' 的所謂有限位移 (finite displacement) 的功 $U_{1\rightarrow2}$，則由 (4-1) 式的積分可得如下式：

$$U_{1\rightarrow2} = \int_{\vec{r}_1}^{\vec{r}_2} \vec{F} \cdot d\vec{r} \tag{4-3}$$

若以純量的方式表示，則 $U_{1\rightarrow2}$ 亦可由 (4-2) 式對質點之移動距離 ds 之積分而得到如下式：

$$U_{1\rightarrow2} = \int_{s_1}^{s_2} F\cos\alpha\, ds \tag{4-4}$$

(4-4) 式中因 $F\cos\alpha$ 為沿質點軌跡切線方向之分量，若以 F_t 表示，則 (4-4)式可改寫為

$$U_{1\rightarrow2} = \int_{s_1}^{s_2} F_t\, ds \tag{4-5}$$

若以圖形表示，則功之大小 $U_{1\rightarrow2}$ 可以如圖 4-2 之著色面積之大小所示。

若以重力為例，如圖 4-3 所示為一重量為 $\vec{W}$ 之物體由 A_1 之位置沿移動路徑移動至 A_2，則重力所作之功 dU 由 (4-1) 式可得

$$dU = \vec{F} \cdot d\vec{r} = (-W\vec{j}) \cdot (dy\vec{j}) = -Wdy \tag{4-6}$$

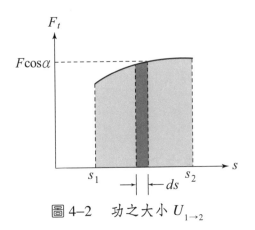

圖 4-2　功之大小 $U_{1 \to 2}$

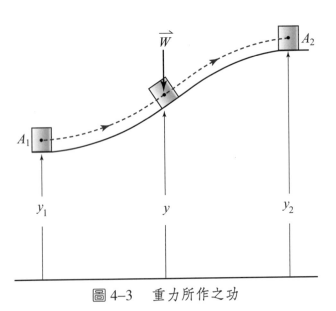

圖 4-3　重力所作之功

由 (4-4) 式可得物體由 A_1 移動至 A_2 重力所作之功 $U_{1 \to 2}$ 為

$$U_{1 \to 2} = \int_{y_1}^{y_2}(-W)dy = Wy_1 - Wy_2 \tag{4-7}$$

由 (4-7) 式可知，當物體由高度較低之 A_1 移至較高處之 A_2，即 $y_2 > y_1$ 時，$U_{1 \to 2}$ 為負值，則重力作負功，這是因為位移之方向與重力之方向互為反向之緣故。反之若由較高處之 A_2 移回較低之 A_1，則 $U_{2 \to 1}$ 為正值，此時重力與位移的方向一致，故重力作正功。

　　若再以彈簧為例，如圖 4–4 所示，假設彈簧之彈簧常數為 k，則由 (4–1) 式可得彈力所作之功 dU 為

$$dU = \vec{F} \cdot d\vec{r} = (-kx\vec{i}) \cdot (dx\vec{i}) = -kxdx \tag{4–8}$$

而由伸長量為 x_1 之 A_1 移動至伸長量為 x_2 之 A_2 所作之功 $U_{1 \to 2}$ 為

$$U_{1 \to 2} = \int_{x_1}^{x_2} (-kx)dx = \frac{1}{2}kx_1^2 - \frac{1}{2}kx_2^2 \tag{4–9}$$

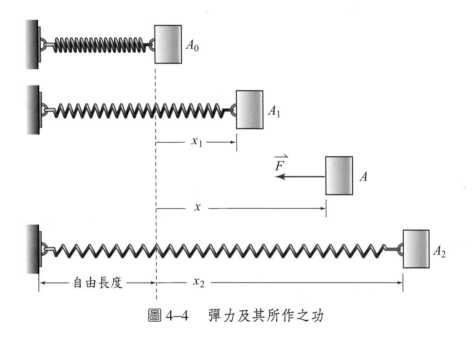

圖 4–4　　彈力及其所作之功

　　依 (4–9) 式可知，當彈簧之伸長量增加時，即物體由 A_1 移動至 A_2，則 $U_{1 \to 2}$ 為負，彈力作負功，這是因為彈力之方向與位移之方向相反所致。同理，當彈簧之伸長量減少時，即物體由 A_2 移動至 A_1，則 $U_{2 \to 1}$ 為正，彈力作正功，這是因為彈力方向與位移方向相同所致。

　　上述的結論亦可適用於當彈簧受到壓縮之情況，若壓縮量增加，則彈力作負功，反之當壓縮量減少則彈力作正功。

　　依功之定義雖知其為純量，但經上述的討論後可以發現，功本身在某種程度上仍具有方向的概念，這點可由功的正負代表外力與位移之間夾角的變

化可以發現。所以功的正負並不代表功的大小，其真正的物理意義在於外力的作用對質點的運動而言究竟是正面的、負面的，抑或是沒有貢獻。若外力與位移夾角小於 90 度，則外力對質點的運動具有正面的貢獻，故外力作正功。若外力與位移夾角大於 90 度，則外力對質點的運動產生負面的消耗，例如摩擦力恆與運動方向相反，故作負功。而外力與位移夾角為 90 度者，因外力沒有任何貢獻，故不作功。

4–4　功與能原理

依前述 §4–3 節中功的定義，作用於質點之外力僅在沿質點運動方向的分量有作功；換句話說，外力沿質點軌跡之切線方向的分量有作功，而在沿軌跡之法線方向的分量，由於此部份之分量垂直於質點運動之方向，故不作功。在這部份的討論中，因為利用曲線座標系統對於功的定義最為直接且有效，所以在以下的推導及相關問題的分析過程中採用曲線座標系的確有其必要性。

由圖 4–5 所示質點由軌跡路徑上之 A_1 點移動至 A_2 點的過程中，外力 $\vec{F}$ 沿軌跡方向之分量大小 F_t 由 (2–49) 式可以表示為

$$F_t = ma_t = mv\frac{dv}{ds} \tag{4–10}$$

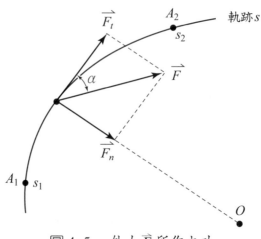

圖 4–5　外力 $\vec{F}$ 所作之功

上式整理後成為

$$F_t ds = mvdv \qquad (4\text{-}11)$$

將 (4–11) 式兩邊由 A_1 積分至 A_2 可得

$$\int_{s_1}^{s_2} F_t ds = m \int_{v_1}^{v_2} vdv \qquad (4\text{-}12)$$

由 (4–5) 式可知上式等號左邊之積分項即為外力所作之功 $U_{1 \to 2}$，故可得以下之結果：

$$U_{1 \to 2} = \frac{1}{2}mv_2^2 - \frac{1}{2}mv_1^2 \qquad (4\text{-}13)$$

(4–13) 式中等號右邊的部份若定義質點之動能 (kinetic energy) T 為

$$\boxed{T = \frac{1}{2}mv^2} \qquad (4\text{-}14)$$

則可得

$$\boxed{U_{1 \to 2} = T_2 - T_1} \quad 或 \quad \boxed{T_2 = T_1 + U_{1 \to 2}} \qquad (4\text{-}15)$$

　　由 (4–15) 式可知質點由軌跡上之 A_1 移動至 A_2 期間動能的變化量 $T_2 - T_1$ 等於外力所作之功 $U_{1 \to 2}$，此即是所謂的功與能原理。依上述之推導過程可知功與能原理仍源自牛頓第二定律，故功與能原理之參考座標系仍應為牛頓參考座標；更進一步而言，計算質點動能之速度 v 應是相對於牛頓參考座標所測量而得。

　　依功與能原理及因次齊次定律可知動能的單位與功的單位應該是相同的，惟功的單位牛頓・米 (N·m) 在能量的單位中稱為焦耳 (J)。

　　由 (4–14) 式動能的定義可知，不論質點運動之方向為何，其所具有的動

能必定為非負值，即 $T \geq 0$。而更進一步觀察 (4–15) 式後可以發現，若外力對質點作正功，即 $U_{1 \to 2} > 0$，則反映到質點運動上的結果是質點的速度會增加 $(v_2 > v_1)$，這個結果與 §4–3 節末的討論有關正功對質點的運動是作正面的貢獻是完全吻合的。同樣的道理，負功對質點所產生負面的消耗由 (4–15) 式可知質點的速度會減少 $(v_2 < v_1)$；例如摩擦力恆作負功，故摩擦力的存在會造成質點運動的變慢即是一個最典型的例子。

　　若系統中包含有兩個或兩個以上之質點，則 (4–15) 式可以分別應用到個別的質點，然後再計算整個系統的總初動能、總末動能以及所有力量所作功之總和，依此方式則多質點系統仍可適用功與能原理。惟上述所有力量所作之功，應包括來自系統以外的外力以及系統內各質點間的內力所作之功。

　　最後將功與能原理在計算及應用上的特性，綜合歸納如下：

⑴功與能原理可以不經由加速度之計算，直接建立外力與質點速度之間的關係，特別是功的計算牽涉到位移或距離，因此對於外力作用的問題中有同時與速度及位移分析有關的情況，應該都是功與能原理的應用。

⑵功與能原理或 (4–15) 式中的各項均為純量，故可直接作數值上的加減。這點與牛頓運動方程式的運算不同，因牛頓運動方程式為向量方程式，故在計算上應依向量的運算規則進行，所以功與能原理在使用上較牛頓第二定律更為方便且直接。

⑶在功與能原理中，沒有作功之力可以不必加以考慮，這是因為沒有作功之力對質點動能沒有任何影響的緣故。而這也與牛頓第二定律有所差異，因為基本上牛頓第二定律必須考慮所有外力的作用。

⑷功的正負完全由外力與運動方向間的夾角來決定，若夾角小於 90 度，則外力作正功；否則若大於 90 度則作負功；而夾角為 90 度之外力因不作功，故不予考慮。在這種情況下，摩擦力永遠作負功。

⑸功與能原理或 (4–15) 式在使用時因不涉及加速度，故分析過程中僅使用自由體圖即可，不必如牛頓第二定律分析加速度時必須同時繪出自由體圖及運動力圖。

例　題 4-1

如圖 4-6 所示，已知 A 之質量為 200 kg
而 B 之質量為 300 kg，A 與接觸面之動摩
擦係數為 0.25，不計滑輪質量及摩擦，若
系統由靜止開始釋放，試求：

(a) A 移動 2 m 後其速度為何？

(b) 繩之張力為何？

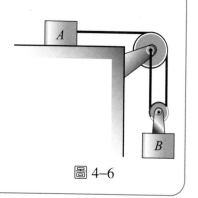

圖 4-6

解

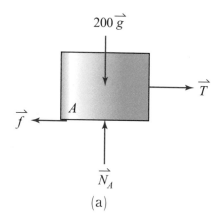

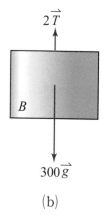

(a)　　　　　　　　　　(b)

圖 4-7

由圖 4-7(a)可得 $N_A = 200g = 1962$ N，則摩擦力 f 為

$$f = 0.25\,N_A = 490 \text{ N}$$

A 之初速為零，假設移動 2 m 後之速度為 v，則

$$T_1 = 0 \qquad T_2 = \frac{1}{2} \times 200 \times v^2 = 100v^2$$

對 A 而言，僅張力 $\vec{T}$ 及摩擦力 $\vec{f}$ 有作功，故 $U_{1 \to 2}$ 為

$$U_{1 \to 2} = T \times 2 - 490 \times 2 = 2T - 980$$

則依 (4-15) 式可得 A 之功與能方程式為

$$2T - 980 = 100v^2 \cdots\cdots\cdots\cdots\cdots\cdots\cdots\cdots\cdots\cdots\cdots\cdots (1)$$

由相依運動可知 B 的速度為 A 的二分之一，故對 B 而言，

$$T_1 = 0 \qquad T_2 = \frac{1}{2} \times 300 \times \left(\frac{v}{2}\right)^2 = 37.5v^2$$

由相依運動可知 B 的位移為 1 m，則由圖 4–7(b)，功 $U_{1 \to 2}$ 為

$$U_{1 \to 2} = 300 \times 9.81 \times 1 - 2T \times 1 = 2943 - 2T$$

則依 (4–15) 式可得 B 之功與能方程式為

$$2943 - 2T = 37.5v^2 \cdots\cdots\cdots\cdots\cdots\cdots\cdots\cdots\cdots (2)$$

將(1)與(2)聯立後解得 $v = 3.78$ m/s, $T = 1204$ N

故 A 移動 2 m 後速度為 3.78 m/s，而繩之張力大小為 1204 N。

例 題 4–2

如圖 4–8 所示，已知質量為 15 kg 之物體由靜止被釋放，沿摩擦係數為 0.2 之斜面下滑 10 m 後與彈簧常數為 50 N/m 之彈簧接觸，若不計彈簧質量，試求彈簧之最大壓縮量為何？

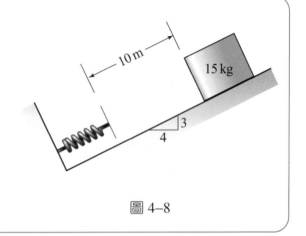

圖 4–8

解 由圖 4–9 可得正向力 N 為

$$N = \frac{4}{5} \times 15 \times 9.81 = 117.72 \text{ N}$$

則摩擦力 f 為

$$f = 0.2N = 23.544 \text{ N}$$

物體之初動能 $T_1 = 0$，當彈簧達到最大壓縮量時物體速度為零，故 $T_2 = 0$。外力中除重力作正功外，彈力及摩擦力均作負功，假設彈簧最大壓縮量 s，則功 $U_{1 \to 2}$ 為

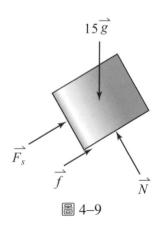

圖 4–9

$$U_{1 \to 2} = 15 \times 9.81 \times \frac{3}{5} \times (10 + s) - \frac{1}{2} \times 50 \times s^2$$
$$- 23.544 \times (10 + s)$$
$$= 647.46 + 64.746s - 25s^2$$

由功與能原理 $T_1 + U_{1 \to 2} = T_2$ 可得

$$25s^2 - 64.746s - 647.46 = 0$$

解得 $s = 6.546$ m，即彈簧之最大壓縮量為 6.546 公尺。

例　題 4-3

兩物體 A 及 B 質量各為 12 kg 及 15 kg，以一繩連接並通過滑輪如圖 4-10 所示，若系統由靜止被釋放且已知 B 撞擊地面之速度為 1.4 m/s，試求：

(a)系統因繩與滑輪摩擦所損失之能量為何?

(b)滑輪兩邊之繩的張力各為何?

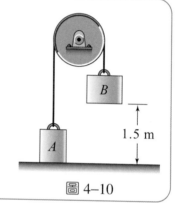

圖 4-10

解 (a)若以整個系統為自由體，作用之外力僅重力及摩擦力，則由圖
4-11(a)，系統由靜止起動，則初動能 $T_1 = 0$，而當 B 到達地面時，由相依運動可知 A 與 B 有相同之速度大小，即

$$T_2 = \frac{1}{2} \times 12 \times 1.4^2 + \frac{1}{2} \times 15 \times 1.4^2 = 26.46 \text{ J}$$

除作用於 B 之重力作正功外，作用於 A 之重力及摩擦力均作負功，假設摩擦力所作之功（即摩擦所損失之能量）為 E_f，則外力之功 $U_{1 \to 2}$ 為

$$U_{1 \to 2} = 15 \times 9.81 \times 1.5 - 12 \times 9.81 \times 1.5 - E_f$$
$$= 44.145 - E_f$$

由功與能原理 $T_1 + U_{1 \to 2} = T_2$ 可得

$$E_f = 44.145 - 26.46 = 17.685 \text{ J}$$

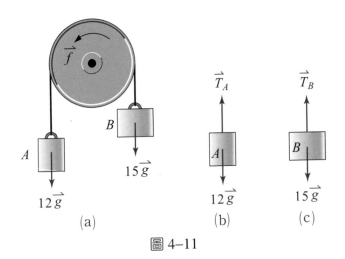

圖 4–11

(b)假設作用於 A 之張力為 T_A 而作用於 B 之張力為 T_B，如圖 4–11(b)

及圖 4–11(c)所示。則對 A 而言，T_A 作正功，重力作負功，由功與

能原理可得

$$0 + T_A \times 1.5 - 12 \times 9.81 \times 1.5 = \frac{1}{2} \times 12 \times 1.4^2$$

故　$T_A = 125.56 \, \text{N}$

同理對 B 而言，T_B 作負功而重力作正功，故由功與能原理可得

$$0 + 15 \times 9.81 \times 1.5 - T_B \times 1.5 = \frac{1}{2} \times 15 \times 1.4^2$$

故　$T_B = 137.35 \, \text{N}$

【討論】一般而言，若滑輪無摩擦或摩擦

可忽略，則一段繩子只能有一個張力，本

題中因滑輪摩擦的緣故，所以滑輪兩端之

張力不同。若由本題之(b)所得的結果如圖

4–12 所示，則可知摩擦力 f 應為滑輪兩

端張力之差值，而因整個作用距離為 1.5

m，故本題(a)所求之摩擦力所消耗的能量

E_f 亦可求得如下：

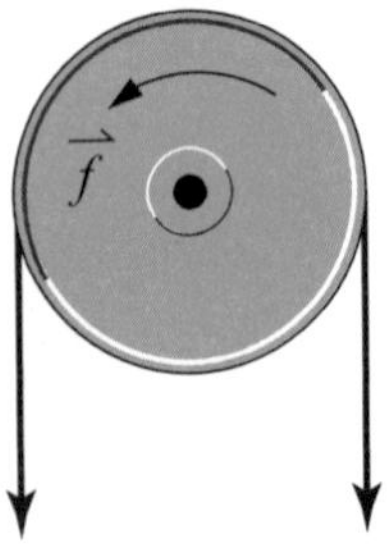

125.56 N　　　137.35 N

圖 4–12

$$E_f = (137.35 \, \text{N} - 125.56 \, \text{N}) \times 1.5 \, \text{m} = 17.685 \, \text{J}$$

習　題

1. 兩物體 A 及 B 質量分別為 20 kg 及 30 kg，以一繩相連接且通過一滑輪如圖 4–13 所示，若 A 與接觸面之間的動摩擦係數為 0.25，且系統在靜止情況下被釋放，不計滑輪質量及摩擦，試求 B 下滑 2 m 後：
   (a)速度為何？　(b)繩之張力為何？

2. 如圖 4–14 所示，已知 A 為 20 kg，B 為 30 kg，所有接觸面之動摩擦係數為 0.1，若不計滑輪質量及摩擦，且系統由靜止被釋放，試求 A 下降 2 m 後：
   (a)速度為何？　(b)繩之張力為何？

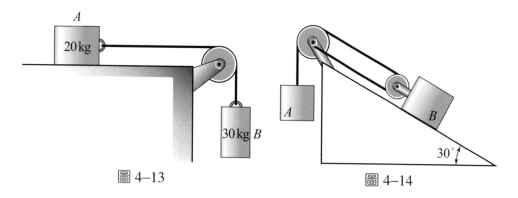

圖 4–13　　　　　　　　　圖 4–14

3. 一質量為 10 kg 之物體以 10 m/s 之初速向右運動如圖 4–15 所示，若此物體與接觸面間之動摩擦係數為 0.1，試求此物體在移動 10 m 後，將接觸並開始壓縮一彈簧常數為 100 N/m 之彈簧，試求：
   (a)彈簧之最大壓縮量為何？　(b)此物體再度通過其起始位置時的速度為何？

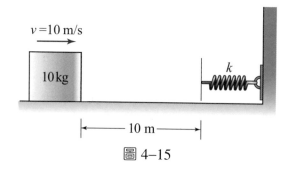

圖 4–15

4. 如圖 4–16 所示一滑塊質量為 2 kg，以 3 m/s 之速度沿傾斜之桿向下滑動，若一水平作用力 $\vec{P}$ 施於此滑塊使其沿桿下滑 1.2 m 後即停止，不計摩擦及任何其他阻力，試求 P 之大小？

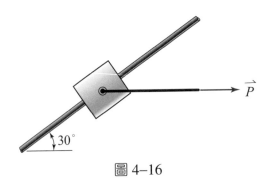

圖 4–16

5. 試求如圖 4–17 中作用力 $\vec{P}$ 之大小，使質量 3 kg 之 B 向右移動 1.2 m 後之速度達到 3 m/s。已知系統由靜止起動且不計任何摩擦阻力。

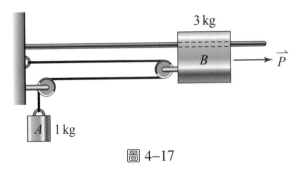

圖 4–17

6. 大小為 20 N 之力施於重量為 50 N 之 A 如圖 4–18 所示，若系統由靜止起動且所有接觸面之動摩擦係數均為 0.2，試求 A 移動 3 m 後之速度為何？繩之張力為何？

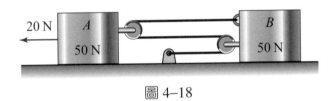

圖 4–18

🌀 4–5　保守力與位能

在 §4–3 節中曾討論重力及彈力所作之功，由 (4–7) 式及 (4–9) 式可以發現，不論是重力或彈力，其所作之功 $U_{1\to2}$ 均與質點所經過的路徑沒有關係。換句話說，只要作用的起點及終點維持不變，則功 $U_{1\to2}$ 亦將保持不變，不隨作用路徑而有所改變。這種外力所作之功與質點運動的路徑無關，只與起點及終點位置有關的便稱為**保守力** (conservative force)。

保守力所作之功既有如上述之特性，則可將功的本身定義為起點及終點之間某種位置函數的差值。此種位置函數在物理上代表該保守力作功能力的一種指標，然而真正具有物理意義的並非該位置函數本身 (或絕對指標)，而是在兩不同位置間的函數差值 (即相對指標)。這個位置函數即是所謂的**位能** (potential energy)。

由 §4–3 節中重力對物體所作的功 $U_{1\to2}$ 為

$$U_{1\to2} = Wy_1 - Wy_2 \tag{4–16}$$

則依照保守力所作的功為位能函數的差值，可將重力位能函數定義如下，並以 V_g 來表示，即

$$V_g = Wy \tag{4–17}$$

則重力所作之功 $U_{1\to2}$ 由 (4–16) 式及 (4–17) 式可以表示為

$$U_{1\to2} = (V_g)_1 - (V_g)_2 \tag{4–18}$$

相同的結果亦可由彈簧的彈力所作之功獲得，由 §4–3 節可知彈力所作之功 $U_{1\to2}$ 為

$$U_{1\to2} = \frac{1}{2}kx_1^2 - \frac{1}{2}kx_2^2 \tag{4–19}$$

由上式可定義彈力位能函數如下，以 V_e 來表示，即

$$V_e = \frac{1}{2}kx^2 \tag{4-20}$$

則彈力所作之功 $U_{1 \to 2}$ 以位能函數表示將成為

$$U_{1 \to 2} = (V_e)_1 - (V_e)_2 \tag{4-21}$$

位能函數既是位置的函數，則相同位置若有兩種或兩種以上的保守力作用，其位能函數可視為所有位能函數的代數和；例如同時受到重力及彈簧作用的質點，其在任何位置的位能 V 即為重力位能 V_g 與彈力位能 V_e 之和，即

$$V = V_g + V_e \tag{4-22}$$

所以對於僅有保守力作用的系統，其外力所作之功 $U_{1 \to 2}$ 可以更一般性的表示如下：

$$\boxed{U_{1 \to 2} = V_1 - V_2} \tag{4-23}$$

其中 V_1 及 V_2 分別為起點及終點處之位能函數的總和。

🌐 4-6 能量守恆

若系統僅受到保守力的作用，則由 (4-15) 式及 (4-23) 式可以進一步得到如下之結果：

$$U_{1 \to 2} = T_2 - T_1 = V_1 - V_2 \tag{4-24}$$

或

$$\boxed{T_1 + V_1 = T_2 + V_2} \tag{4-25}$$

(4-25) 式中的動能及位能之和一般稱之為**機械能** (mechanical energy)，

故 (4–25) 式即是所謂的**機械能守恆** (Conservation of Mechanical Energy)。對於有非保守力作用的系統，如摩擦力存在的系統，則機械能守恆不成立，這其中的原因一方面是因為非保守力之功與路徑有關，無法表示成為位能函數的型式；另一方面非保守力之功為負值，系統因非保守力的作用不斷地耗損能量。所以對於非保守力存在的系統，原則上僅適用功與能原理，不適用機械能守恆。

　　非保守力作用所消耗掉的系統能量，可能轉變為熱，亦可能轉變為強光、噪音或振動，所以系統的總機械能雖然因非保守力的作用而減少，但是其實系統的總能量並未改變，也就是說，廣義的能量守恆仍將成立，即

$$T_1 + V_1 + (\Sigma U_{1 \to 2})_{\text{非保守力}} = T_2 + V_2 \tag{4–26}$$

上式中 $(\Sigma U_{1 \to 2})_{\text{非保守力}}$ 代表所有非保守力作用之功，其值為負代表非保守力將機械能轉變為其他能量的型式。

　　能量守恆或 (4–26) 式的正確性及完整性，端視非保守力之功是否能有效的計算或測量而得，若所有型式的能量均加以考慮，則任何系統在所有條件下的能量應維持定值。

例 題 4-4

重量為 10 N 之滑塊沿一垂直之桿作無摩擦之自由滑動，如圖 4–19 所示。已知彈簧之常數為 10 N/m，自由長度為 2 m，試求滑塊由 A 處靜止被釋放後，通過 B 處時的速度大小為何？

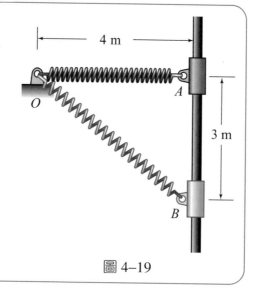

圖 4–19

解　彈簧在 A 處之伸長量 $\Delta x_A = 4 - 2 = 2$ m，而在 B 處之伸長量 $\Delta x_B = 5 - 2 = 3$ m，故彈力位能 $(V_e)_A$ 及 $(V_e)_B$ 分別為

$$(V_e)_A = \frac{1}{2}k\Delta x_A^2 = \frac{1}{2} \times 10 \times 2^2 = 20 \text{ J}$$

$$(V_e)_B = \frac{1}{2}k\Delta x_B^2 = \frac{1}{2} \times 10 \times 3^2 = 45 \text{ J}$$

假設 A 處之垂直高度為重力位能之基準面，即 $(V_g)_A = 0$，則 B 處之重力位能 $(V_g)_B$ 為

$$(V_g)_B = -W_B y_B = -10 \times 3 = -30 \text{ J}$$

則在 A, B 兩處之位能值 V_A 及 V_B 分別為

$$V_A = (V_g)_A + (V_e)_A = 20 \text{ J}$$

$$V_B = (V_g)_B + (V_e)_B = 15 \text{ J}$$

由機械能守恆：$T_A + V_A = T_B + V_B$

$$0 + 20 = \frac{1}{2} \times \frac{10}{9.81} \times v^2 + 15$$

解得　$v = 2.215$ m/s

例 題 4-5

重量為 100 N 之物體於彈簧上方 2 m 處由靜止被釋放，如圖 4-20 所示。

若彈簧常數為 200 N/m，不計摩擦及彈簧質量，試求彈簧最大壓縮量為何?

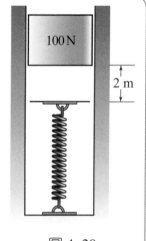

圖 4-20

解 彈簧由靜止釋放，則 $T_1 = 0$。假設釋放處為重力位能基準面，則 $V_1 = 0$。在最大壓縮量時，物體速度為零，$T_2 = 0$，設彈簧最大壓縮量為 x，則位能 V_2 為

$$V_2 = (V_g)_2 + (V_e)_2 = -100 \times (2 + x) + \frac{1}{2} \times 200 \times x^2$$

由機械能守恆：$T_1 + V_1 = T_2 + V_2$，即

$$100x^2 - 100x - 200 = 0$$

解得 $x = 2$ 或 -1，即彈簧最大壓縮量為 2 m。

習　題

7. 已知一重量為 100 N 之物體 A，如圖 4–21 所示置於傾斜角為 30 度之斜面上，以 2.5 m/s 之初速度沿斜面向下移動。若在距離 A 8 m 處之斜面底部有一彈簧常數為 1.5 kN/m 之彈簧，此彈簧以繩加以限制使其具有 0.5 m 之壓縮量，不計摩擦，試求物體 A 與彈簧接觸後能造成彈簧最大的額外壓縮量為何？

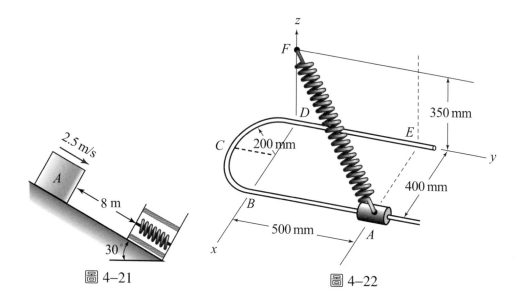

圖 4–21　　　　　　　　　　圖 4–22

8. 如圖 4–22 所示，一個質量為 750 g 之滑塊於水平面上之 A 點處靜止被釋放，彈簧常數為 150 N/m 之彈簧一端繫於此滑塊上，另一端則固定於垂直方向上之 F 點處，若此彈簧之自由長度為 300 mm，不計摩擦，試求滑塊通過：(a) B 點　(b) C 點　(c) E 點處之速度各為何？

9. 質量為 2 kg 之滑塊於半徑為 200 mm 且垂直設置之半圓環上的 A 點處靜止釋放，連接於此滑塊之彈簧其常數為 600 N/m 且自由長度為 100 mm，若不計任何摩擦，試求當滑塊通過 B 點處時：

(a)速度為何？　(b)半圓環施於滑塊之力量為何？

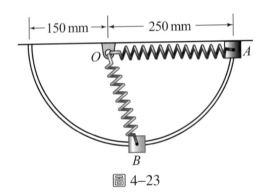

圖 4–23

10. 如圖 4–24 之單擺由 A 處靜止釋放，擺動 90 度後受到固定栓 B 之限制使其繞 B 作圓周運動，試求 a 之最小值使此單擺可以繞 B 點至少完成一整圈之擺動？

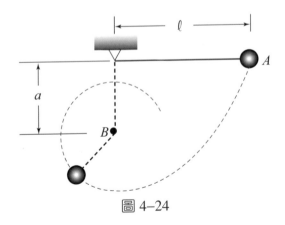

圖 4–24

11. 質量為 2 kg 之滑塊由無摩擦之水平桿上 A 點處靜止被釋放，若彈簧常數為 10 N/m 之彈簧一端繫於滑塊上，另一端則固定於 B 點處，且其自由長度為 2 m，試求此滑塊最大速度為何？

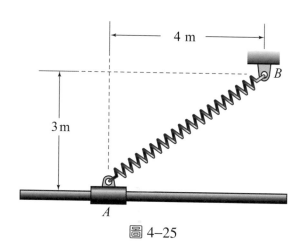

圖 4–25

12. 質量為 1.5 kg 之滑塊可在一水平放置且無摩擦之圓環上自由滑動，若彈簧常數為 400 N/m 之彈簧連接於此滑塊上如圖 4–26 所示，且當滑塊於 C 點處時彈簧為自由長度，現將滑塊於 A 點處由靜止釋放，試求當其通過 B 點處時：

⒜速度為何？　⒝圓環施於滑塊之力的大小為何？

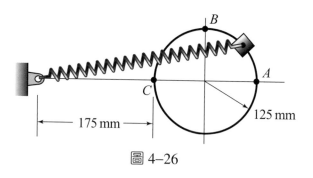

圖 4–26

13. 質量為 2 kg 之滑塊可於如圖 4–27 之環狀物上作無摩擦之自由滑動，已知彈簧常數為 25 N/m 之彈簧連接於此滑塊與固定點 A 之間且其自由長度為 4 m，若滑塊於 B 點處由靜止被釋放，試求當其通過 C 點處時：

⒜速度為何？　⒝環施於滑塊之力為何？

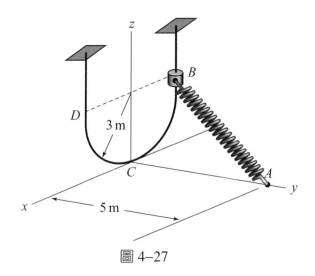

圖 4-27

14.質量為 5 kg 之滑塊沿著與鉛垂成 30° 傾斜之桿下滑如圖 4-28 所示，當滑塊於 A 點處由靜止被釋放時，彈簧之伸長量為零，不計任何摩擦，若滑塊到達 B 點處之速度亦為零，則彈簧之常數 k 應為何?

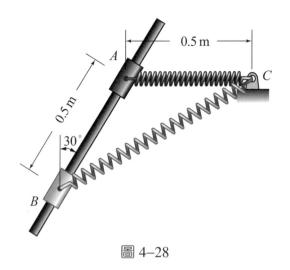

圖 4-28

第五章
質點運動力學
——衝量與動量

🌏 5-1　第三種方法

在第三章及第四章中分別介紹了分析外力作用下質點運動的兩個主要方法，其中功與能原理係源自牛頓第二定律，利用此原理可不必透過加速度，直接求出外力與速度及位移間的關係。本章所要討論的則是第三種用以分析質點運動的方法——衝量與動量原理，這個原理同樣源自牛頓第二定律，可以在不求出加速度的情況下建立外力與速度及作用時間的關係。

在功與能原理中，可以發現最具關鍵性的決定因素即是**位移**，透過位移方能決定外力所作之功，也才能更進一步由動能求得速度。所以牽涉到位移的情況，應該都屬於功與能原理分析的範疇。而在衝量與動量原理中，**時間**卻是最關鍵的因素，由外力作用的時間可以得知質點動量的改變，進而由動量求出質點的速度。因此在處理與作用時間有關的問題時，應考慮的分析方法即是衝量與動量原理。

在牽涉到作用時間的問題中，屬於在極短的作用時間內卻受到很大的外力作用的所謂「衝擊運動」(impulsive motion) 的情況，也是利用衝量與動量原理能有效分析的問題之一；在衝擊運動中產生極大衝量之外力稱為衝擊力 (impulsive force)，由於衝擊力僅作用於極短的時間內，然而其產生的衝量卻足以使質點動量出現極為顯著的改變，反倒使得其他作用的外力如重力的效應可以被忽略不計，因此這類情況無法由功與能原理得到解決，亦不適合牛頓第二定律。而與衝擊運動有關的質點間的碰撞 (impact)，亦是本章分析的重點之一；利用碰撞過程的動量不滅，可以計算碰撞前後質點的速度或是恢復

係數。

衝量與動量原理與動量守恆之間因外力之作用而具有某種程度上的互補關係，因此在使用上應針對特定方向或作用面來使用，尤其應針對未知數的個數來尋求所需要的方程式，則其運用層面之廣泛為三種方法之最。

5-2　衝量與動量原理

由牛頓第二定律或 (3-3) 式以及加速度為速度對時間之微分或 (2-36) 式可以得到

$$\sum \vec{F} = m\frac{d\vec{v}}{dt} \tag{5-1}$$

上式中因質量 m 維持不變，故可將其併入微分項中而不影響結果，即

$$\sum \vec{F} = \frac{d}{dt}(m\vec{v}) \tag{5-2}$$

(5-2) 式中的 $m\vec{v}$ 即是質點的線動量 (linear momentum) 或簡稱動量 (momentum)。動量為一向量，與質點的速度方向一致。若以 $\vec{L}$ 代表質點的線動量，則 (5-2) 式可以改寫為

$$\boxed{\sum \vec{F} = \dot{\vec{L}}} \tag{5-3}$$

由 (5-3) 式可以得知質點所受到外力作用的合力等於質點線動量之時變率。

將 (5-2) 式兩端各乘以 dt 可得

$$\sum \vec{F}dt = d(m\vec{v}) \tag{5-4}$$

上式兩端分別由外力作用之起點 1 積分至終點 2，則

$$\Sigma \int_{t_1}^{t_2} \vec{F} dt = m\vec{v}_2 - m\vec{v}_1 \qquad\qquad (5\text{--}5)$$

或

$$m\vec{v}_1 + \Sigma \int_{t_1}^{t_2} \vec{F} dt = m\vec{v}_2 \qquad\qquad (5\text{--}6)$$

(5–5) 式或 (5–6) 式即是所謂的**衝量與動量原理** (Principle of Impulse and Momentum)。其中的積分項 $\int \vec{F} dt$ 即是線衝量 (linear impulse) 或簡稱衝量 (impulse)。由衝量與動量原理可知質點所受外力作用之衝量等於質點動量的變化。利用衝量與動量原理可以在不求出加速度的情形下，建立外力與質點之速度及作用時間之間的關係。

若將衝量與動量原理之 (5–5) 式與 §4–4 節的功與能原理之 (4–13) 式作一比較，可以發現兩者有許多相似之處。其中等號左邊均為外力 $\Sigma \vec{F}$ 之積分項，分別為前者對時間積分之衝量及後者對位移積分之功；而等號右邊則皆為外力作用期間質點狀態的變化，分別為前者是動量的變化而後者為動能的變化。這些對照相似之處，或許可以說明兩者皆由牛頓第二定律發展而來的同源關係。

有別於功與能皆為純量，衝量與動量則皆為向量，因此與牛頓第二定律之運動方程式一樣，在分析時應根據所定義之座標系將向量方程式分解為一個或數個純量方程式後再予以求解。

若所分析之系統包括一個以上之質點，則依牛頓第三定律之作用與反作用力定律，內力之間的衝量將會互相抵消，故衝量與動量原理僅需考慮來自系統以外的力量作用即可。由 (5–6) 式可得

$$\Sigma m\vec{v}_1 + \int_{t_1}^{t_2} \Sigma \vec{F} dt = \Sigma m\vec{v}_2 \qquad\qquad (5\text{--}7)$$

上式中若作用於系統之外力的合力為零，則系統之總動量將維持不變，即

$$\sum m\vec{v}_1 = \sum m\vec{v}_2 \qquad (5\text{--}8)$$

此即為**線動量守恆** (Conservation of Linear Momentum)。

最後將衝量與動量原理在分析及應用時之注意事項歸納於下：

(1)分析之首要仍為自由體圖，一般仍慣以 $Oxyz$ 之慣性座標系來描述各個外力之方向。

(2)將衝量與動量原理或 (5–7) 式依座標軸方向分解為純量方程式如下：

$$\sum m(v_x)_1 + \sum \int_{t_1}^{t_2} F_x dt = \sum m(v_x)_2$$

$$\sum m(v_y)_1 + \sum \int_{t_1}^{t_2} F_y dt = \sum m(v_y)_2 \qquad (5\text{--}9)$$

$$\sum m(v_z)_1 + \sum \int_{t_1}^{t_2} F_z dt = \sum m(v_z)_2$$

同時為配合 (5–9) 式的產生，自由體圖中應標示質點之初動量及末動量。

(3)依 (5–8) 式，若沿某方向外力之衝量為零，則在該方向為動量守恆。一般之情況下，若所有方向之衝量皆為零，即 $\sum \vec{F} = 0$，對質點而言僅是平衡的問題而已。因此在外力作用情況下動量守恆只成立於衝量為零之方向，而對於其他方向仍應使用衝量與動量原理。

(4)衝量與動量原理應考慮所有的外力，這點與牛頓第二定律相同，即使某外力未作功，仍會產生衝量，此為與功與能原理不同之處。

例　題 5-1

如圖 5-1 所示已知 A 之質量為 3 kg 而 B 之質量為 5 kg，不計滑輪質量及摩擦，試求系統由靜止釋放 6 秒後：

(a) B 之速度為何？

(b) 繩之張力為何？

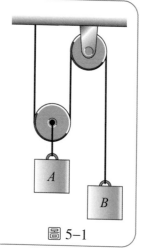

圖 5-1

解　由相依運動可知 B 之速度為 A 之兩倍，故假設 $v_B = 2v_A = v$

依圖 5-2(a)可得 A 之衝量與動量方程式為

$$0 + 12T - 18 \times 9.81 = 1.5v \quad\cdots\cdots\cdots\cdots\cdots\cdots\cdots\cdots\cdots\cdots (1)$$

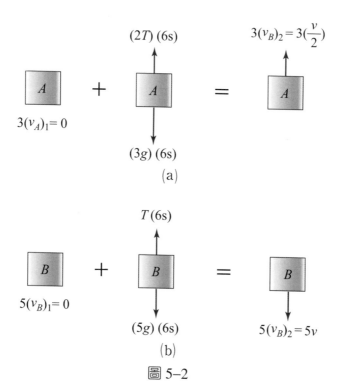

圖 5-2

同理依圖 5-2(b)可得 B 之衝量與動量方程式為

$$0 + 30 \times 9.81 - 6T = 5v \cdots\cdots\cdots\cdots\cdots\cdots (2)$$

將(1)及(2)式聯立可解得 B 之速度 $\bar{v} = 35.83$ m/s ↓

而繩之張力 T 為 $T = 19.19$ N

例 題 5-2

一貨車載運貨物以 90 km/hr 之速度行駛
如圖 5-3 所示，已知貨物與貨車間之靜摩
擦係數為 0.4，試求在不使貨物滑動的情形
下，將貨車完全停住所需之最短時間為何？

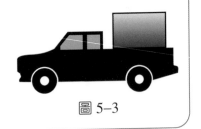

圖 5-3

解

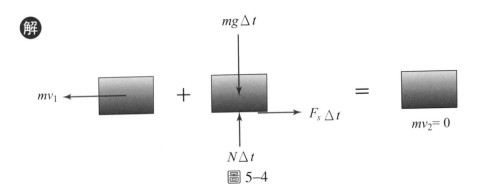

圖 5-4

貨物於貨車上亦具有與貨車相同之速度，故於圖 5-4 中，v_1 為

$$v_1 = 90 \text{ km/hr} = \frac{90 \times 1000}{3600} \text{ m/s} = 25 \text{ m/s}$$

貨車於剎車之過程中，為使貨物不滑動，則兩者間之最大靜摩擦力
F_s 為

$$F_s = \mu_s mg$$

則由圖 5-4 及衝量與動量原理可得

$$mv_1 - F_s \Delta t = 0$$

即最短之時間 Δt 為

$$\Delta t = \frac{mv_1}{\mu_s mg} = \frac{25}{0.4 \times 9.81} = 6.371 \text{ 秒}$$

例 題 5-3

兩部相同之車 A 與 B 質量均為 80 kg，於靜止之狀態下有一質量為 70 kg 之人 C 由 A 車以相對於 A 車之水平速度 2 m/s 跳至 B 車，試求動作完成後各車之速度為何？

圖 5-5

解

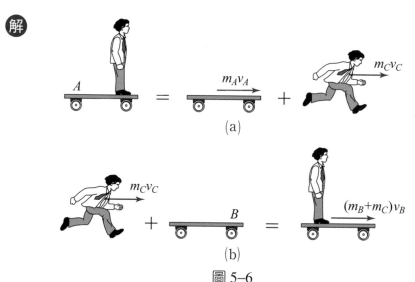

(a)

(b)

圖 5-6

C 相對於 A 之速度為 2 m/s，即

$$v_{C/A} = v_C - v_A = 2 \text{ 或 } v_C = v_A + 2$$

由圖 5-6(a)，A 與 C 之間為動量守恆，即

$$0 = m_A v_A + m_C v_C \text{ 或 } 0 = 80 v_A + 70(v_A + 2)$$

解得　$v_A = -0.933 \text{ m/s 或 } 0.933 \text{ m/s} \leftarrow$

而　　$v_C = v_A + 2 = 1.067 \text{ m/s}$

同理，如圖 5-6(b)，B 與 C 之間亦為動量守恆，故

$$m_C v_C + 0 = (m_B + m_C) v_B$$

即　　$70 \times 1.067 = (80 + 70) \times v_B$

得　　$v_B = 0.498 \text{ m/s}$

習 題

1. 質量為 50 g 之子彈以 350 m/s 之水平速度射入一質量為 3.5 kg 且靜置於無摩擦之水平表面上的木塊中，試求：

   (a)木塊之最終速度？

   (b)木塊與子彈之最終動能與子彈之初動能的比值為何？

2. 質量為 150 kg 之小艇靜止於水面，艇上有一位質量為 50 kg 之跳水者以相對於小艇 10 m/s 之水平速度跳離，試求小艇之最終速度為何？

3. 如圖 5–7 所示，質量為 50 kg 之 A 的初速度為 5 m/s 向左，若 B 之質量為 20 kg，試求 A 之速度達到 5 m/s 向右需費時若干？繩之張力為何？

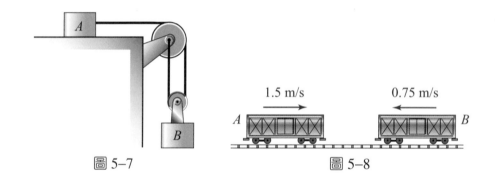

圖 5–7   圖 5–8

4. 兩列火車於同一條鐵軌上行駛如圖 5–8 所示，其中質量為 1500 kg 之 A 車以 1.5 m/s 之速度向右而質量為 1200 kg 之 B 車以 0.75 m/s 之速度向左，若兩車於相遇後結合在一起運動，試求：

   (a)兩車相遇後之速度為何？

   (b)若結合過程耗時 0.8 秒，則結合之平均力大小為何？

5. 質量 20 kg 之 B 車以滾輪支撐靜止於地面上，故其與地面間的摩擦力可忽略不計如圖 5–9 所示，若一個質量為 10 kg 之貨物 A 以 10 m/s 之水平速度拋上 B 車，且已知貨物與 B 車間的動摩擦係數為 0.4，試求 A 在 B 上滑行之時間為若干？

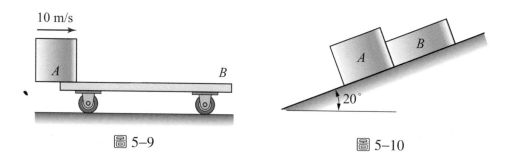

圖 5-9　　　　　　　　　　　　　　　　圖 5-10

6. 兩物體 A 與 B 質量各為 6 kg 及 9 kg 置於斜面上如圖 5-10 所示，已知 A 與斜面之 $\mu_s = 0.30$ 且 $\mu_k = 0.25$，而 B 與斜面之 $\mu_s = 0.20$ 且 $\mu_k = 0.15$，若將兩物體靜止接觸後釋放，試求：

(a) 3 秒後 A 與 B 之速度各為何？　(b) A 施於 B 之力量為何？

🌓 5-3　衝擊運動與碰撞

　　依 §5-2 節中的定義可以得知衝量為外力對作用時間的積分，而這其中所牽涉到的一種較為特殊的情況為在極短的作用時間內，質點受到很大的外力作用使其動量產生明顯的改變。這種運動即是所謂的**衝擊運動** (impulsive motion)，而導致此衝擊運動的外力則稱為**衝擊力** (impulsive force)。

　　質點在衝擊運動過程中，除了衝擊力的作用之外，尚包括其他的外力如重力等的作用，但由於這些外力之大小與衝擊力相較極為懸殊，因此在衝擊運動中對質點的動量幾乎沒有影響，故稱為**非衝擊力** (nonimpulsive force)。在分析時，一般僅考慮衝擊力即可，非衝擊力則可以忽略不計。

　　打棒球時球被棒子擊中的過程即是衝擊運動的眾多例子之一，雖然棒子與球接觸的時間極為短暫，但是球棒所施予球的衝擊力仍大到足以使球朝相反方向飛離，這過程中球本身的重量即顯得微不足道，因此可以忽略不必考慮。類似的情況由於無法以功與能原理加以分析，而利用牛頓第二定律亦須透過積分方能得知質點的速度與作用外力間的關係，因此衝量與動量原理最能適合此類問題之應用。

　　若上述之運動發生於質點與質點之間，換言之，質點與質點之間發生撞擊，在極短的接觸時間內，彼此施予對方極大的作用力，致使彼此的動量產生明顯的改變，這種現象稱為碰撞 (impact)。

　　依圖 5–11 所示，兩質點之碰撞於垂直其碰撞接觸面之方向稱為碰撞線 (line of impact)，若碰撞之兩質點的質心皆位於此碰撞線上，則稱為中心碰撞 (central impact)，否則稱為離心碰撞 (eccentric impact)，以下所討論的情況皆屬於前者。若碰撞之兩質點其速度皆沿碰撞線之方向，則稱為正向碰撞 (direct impact)，否則稱為斜向碰撞 (oblique impact)，正向碰撞及斜向碰撞的分析將於 §5–5 節中詳加探討。

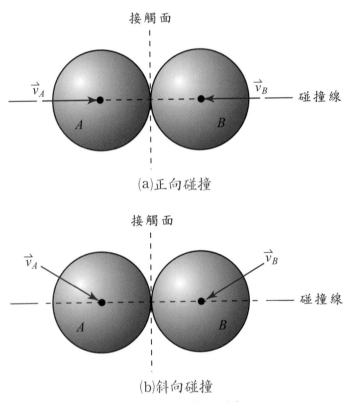

(a)正向碰撞

(b)斜向碰撞

圖 5–11　碰撞之種類

5-4　碰撞之恢復係數

　　碰撞的過程由開始到結束可以分為五個階段如圖 5-12 所示。首先因兩質點的速度在方向及大小上的差異使其逐漸接近而終致接觸，開始了碰撞的過程如圖 5-12(a)，在兩質點接觸後因速度仍未達一致故彼此互相擠壓變形，此階段之作用力 P 為兩質點各自施予對方的衝擊力如圖 5-12(b)所示，當變形量達到最大如圖 5-12(c)所示時，兩質點之速度亦會是相同。接著兩質點開始由變形逐漸恢復，而圖 5-12(d)中的 R 為恢復過程的作用力。最後兩質點脫離接觸之狀態，結束碰撞。

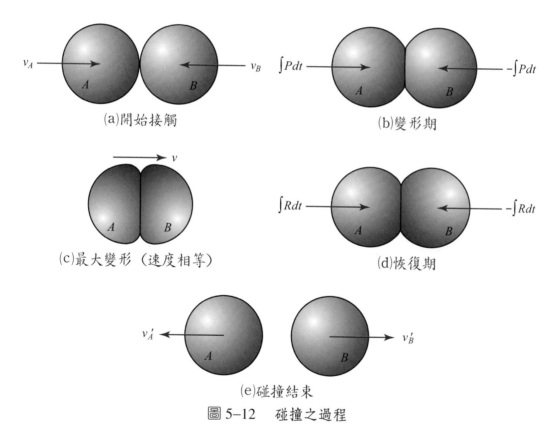

(a)開始接觸

(b)變形期

(c)最大變形（速度相等）

(d)恢復期

(e)碰撞結束

圖 5-12　碰撞之過程

在上述的碰撞過程中，若考慮整個系統，則質點間之作用力因為是內力，故其所產生之衝量將互相抵消，而欲探討變形及恢復期間質點間互相作用之衝量大小，則應將碰撞之質點分開加以討論。圖 5–13 為考慮質點 A 於碰撞期間的動量與衝量的變化情形。由圖 5–13(a)可得變形期之動量與衝量之關係式為

$$m_A v_A - \int P dt = m_A v \qquad (5\text{--}10)$$

而恢復期之動量與衝量之關係式由圖 5–13(b)可得為

$$m_A v - \int R dt = m_A v'_A \qquad (5\text{--}11)$$

恢復期的衝量 $\int R dt$ 與變形期的衝量 $\int P dt$ 的比值即是**恢復係數** (coefficient of restitution)，以 e 來表示，即

$$e = \frac{\int R dt}{\int P dt} \qquad (5\text{--}12)$$

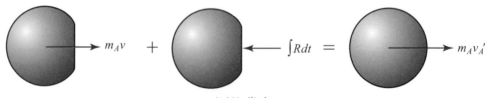

(a)變形期

(b)恢復期

圖 5–13　碰撞過程中質點 A 之動量與衝量的變化

而由 (5–10) 式及 (5–11) 式代入 (5–12) 式後可得

$$e = \frac{v - v_A'}{v_A - v} \tag{5–13}$$

上述有關質點 A 的變形期及恢復期的衝量與動量的關係亦可適用於質點 B，則對質點 B 而言其恢復係數 e 為

$$e = \frac{v_B' - v}{v - v_B} \tag{5–14}$$

將 (5–13) 式及 (5–14) 式加以合併整理後可得

$$e = \frac{(v - v_A') + (v_B' - v)}{(v_A - v) + (v - v_B)} = \frac{v_B' - v_A'}{v_A - v_B} \tag{5–15}$$

或

$$\boxed{v_B' - v_A' = e(v_A - v_B)} \tag{5–16}$$

由 (5–15) 式或 (5–16) 式可知碰撞之恢復係數等於兩質點碰撞前之相對速度與碰撞後之相對速度的比值。恢復係數之值介於 0 與 1 之間，以下分別就 $e = 0$ 及 $e = 1$ 兩種情況分別加以討論：

1. $e = 0$

由 (5–16) 式可知 $v_A' = v_B'$，換句話說，碰撞過程沒有恢復期，兩質點於碰撞達到最大變形之瞬間即結合在一起運動，此種情況亦稱為**完全塑性碰撞** (perfectly plastic impact)。

2. $e = 1$

由前述對碰撞過程的解析，可知若將參與碰撞的兩質點 A 與 B 同時加以考慮，則因系統沿碰撞線無其他外力作用，且 A 與 B 間相互作用之力量屬於內力，故系統沿碰撞線之總動量應維持不變，即

$$m_A v_A + m_B v_B = m_A v_A' + m_B v_B' \qquad (5\text{--}17)$$

而由碰撞之恢復係數為 1 及 (5–16) 式可得

$$v_B' - v_A' = v_A - v_B \qquad (5\text{--}18)$$

將 (5–17) 式及 (5–18) 式分別整理成如下兩式：

$$m_A(v_A - v_A') = m_B(v_B' - v_B) \qquad (5\text{--}19)$$

$$v_A + v_A' = v_B + v_B' \qquad (5\text{--}20)$$

(5–19) 式與 (5–20) 式相乘後並將各項乘上 $\dfrac{1}{2}$ 後可得

$$\frac{1}{2}m_A v_A^2 + \frac{1}{2}m_B v_B^2 = \frac{1}{2}m_A v_A'^2 + \frac{1}{2}m_B v_B'^2 \qquad (5\text{--}21)$$

由上式可知若碰撞之恢復係數為 1，則系統之總能量（動能）將保持不變，故此種情況亦稱為**完全彈性碰撞** (perfectly elastic impact)。

　　而由此結果亦可推論出對於一般之碰撞，即恢復係數小於 1 的情況，其系統之總能量並不守恆，但是沿碰撞線方向之動量守恆不論恢復係數為何均將成立。

5–5　碰撞之分析

　　由 §5–3 節可知碰撞依質點之位置及速度可有不同之分類，本節中僅針對參與碰撞之質點的質心位置在碰撞線上的正向碰撞及斜向碰撞加以分析討論。

1.正向碰撞

　　若質點 A 與 B 於碰撞前的速度分別為 v_A 及 v_B，而碰撞後的速度分別為 v_A' 及 v_B'，依正向碰撞之定義則 v_A, v_A', v_B 及 v_B' 均沿碰撞線的方向，若沿碰撞線方向沒有其他外力作用，則 A 與 B 之總動量於碰撞前後應維持不變，故重複 (5–17) 式如下：

$$m_A v_A + m_B v_B = m_A v_A' + m_B v_B' \tag{5-17}$$

同理，碰撞之恢復係數 (5-16) 式亦重複如下：

$$v_B' - v_A' = e(v_A - v_B) \tag{5-16}$$

則由上兩式可聯立解出兩個未知數。雖然 (5-16) 式及 (5-17) 式中 A、B 之速度因為均沿碰撞線方向故未加註向量符號，但仍應依其方向決定正負號。

2.斜向碰撞

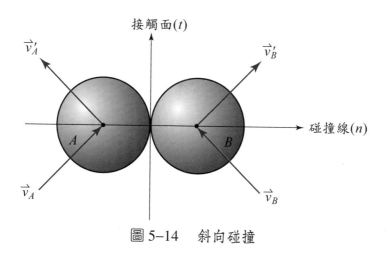

圖 5-14　斜向碰撞

斜向碰撞如圖 5-14 所示，其中 A 與 B 於碰撞前的速度 $\vec{v}_A$ 及 $\vec{v}_B$；而碰撞後的速度 $\vec{v}_A'$ 及 $\vec{v}_B'$ 均不在沿碰撞線的方向上。在分析上一般均將斜向碰撞分為沿碰撞線的 n 方向及沿接觸面的 t 方向分別加以討論。

斜向碰撞沿 n 方向之分析可當作與正向碰撞一般，即由動量守恆及恢復係數得到以下兩式：

$$m_A(v_A)_n + m_B(v_B)_n = m_A(v_A')_n + m_B(v_B')_n \tag{5-22}$$

$$(v_B')_n - (v_A')_n = e[(v_A)_n - (v_B)_n] \tag{5-23}$$

由 (5-22) 式及 (5-23) 式可以解出其中的兩個未知數。

　　除了 n 方向的分析之外，斜向碰撞的問題本身通常可提供某些特殊的已知條件用以解出其他的未知數，若這些已知的條件不可得，則一般的作法是在如圖 5–14 中的接觸面方向（即 t 方向），假設兩質點 A 及 B 各自的動量維持不變，即

$$m_A(v'_A)_t = m_A(v_A)_t \qquad m_B(v'_B)_t = m_B(v_B)_t \qquad (5\text{–}24)$$

由 (5–24) 式可以得知 A 及 B 沿接觸面方向於碰撞前後其速度分量維持不變或如以下之 (5–25) 式：

$$(v'_A)_t = (v_A)_t \qquad (v'_B)_t = (v_B)_t \qquad (5\text{–}25)$$

依 (5–25) 式可以求得沿 t 方向的兩個未知數，故斜向碰撞的問題共可決定四個未知數。

例 題 5–4

兩個相同的質點作無摩擦之碰撞如圖 5–15 所示，已知碰撞之恢復係數 e 為 0.9，試求 A 及 B 碰撞後之速度為何？

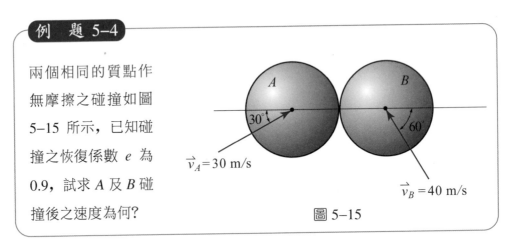

圖 5–15

解 由圖 5–16 可以求得碰撞前 A 及 B 沿碰撞線 n 及接觸面 t 之速度分量分別為

$$(v_A)_n = v_A\cos30° = 26 \text{ m/s} \rightarrow$$

$$(v_A)_t = v_A\sin30° = 15 \text{ m/s} \uparrow$$

$$(v_B)_n = v_B\cos60° = 20 \text{ m/s} \leftarrow$$

$$(v_B)_t = v_B\sin60° = 34.6 \text{ m/s} \uparrow$$

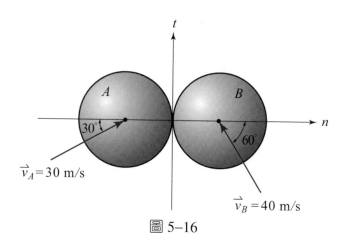

圖 5–16

依 (5–22) 式可得

$$m(26) + m(-20) = m(v'_A)_n + m(v'_B)_n$$

故　　$(v'_A)_n + (v'_B)_n = 6$ ·· (1)

而由 (5–23) 式及 $e = 0.9$ 可得

$$(v'_B)_n - (v'_A)_n = 0.9[26 - (-20)] = 49.4$$ ···················· (2)

將(1)及(2)聯立解得

$$(v'_A)_n = -17.7 \text{ m/s} = 17.7 \text{ m/s} \leftarrow$$

$$(v_B)_n = 23.7 \text{ m/s} \rightarrow$$

接著由 (5–25) 式可得

$$(v'_A)_t = (v_A)_t = 15 \text{ m/s} \uparrow$$

$$(v'_B)_t = (v_B)_t = 34.6 \text{ m/s} \uparrow$$

則碰撞後 A 及 B 之速度分別為

$$\vec{v}'_A = (v'_A)_n + (v'_A)_t = [17.7 \text{ m/s} \leftarrow] + [15 \text{ m/s} \uparrow]$$

$$= 23.2 \text{ m/s} \searrow 40.3°$$

$$\vec{v}'_B = (v'_B)_n + (v'_B)_t = [23.7 \text{ m/s} \rightarrow] + [34.6 \text{ m/s} \uparrow]$$

$$= 41.9 \text{ m/s} \nearrow 55.6°$$

例 題 5-5

質量為 30 kg 之 *A* 於質量為 10 kg 之
B 上方 2 公尺處由靜止被釋放，若 *A*
與 *B* 間之碰撞為完全塑性碰撞且 *B* 下
方之彈簧其彈簧常數為 $k = 20$ kN/m，
試求 *B* 向下之最大位移為若干？

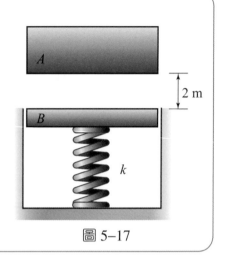

圖 5-17

解

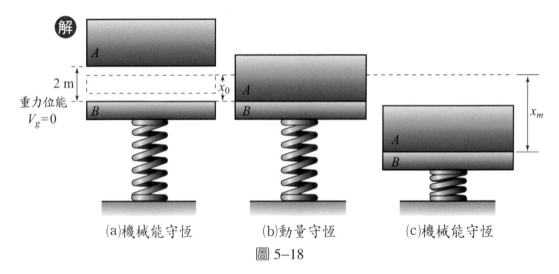

(a)機械能守恆　　(b)動量守恆　　(c)機械能守恆

圖 5-18

如圖 5-18 所示，整個過程可以分成三個階段，階段(a)中彈簧於平衡
狀態已受到 *B* 之重力作用產生 x_0 之最初壓縮量，而 *A* 由靜止被釋
放於接觸到 *B* 之前為機械能守恆。階段(b)中 *A* 與 *B* 進行碰撞，機械
能守恆於恢復係數不等於 1 的情況不能成立，但動量守恆仍然成立。
碰撞結束後到彈簧產生最大變形量之前的階段(c)又恢復為機械能守
恆。各階段詳細分析如下：

(a)彈簧之最初變形量

$$x_0 = \frac{10 \times 9.81}{20 \times 10^3} = 4.91 \times 10^{-3} \text{ m}$$

最初狀態 A 與 B 均為靜止，故

動能 $T_0 = 0$

位能 $V_0 = (V_e)_0 + (V_g)_0 = \frac{1}{2}kx_0^2 + m_A g x_0$

當 A 落下 2 m 之高度尚未與 B 接觸前

動能 $T_1 = \frac{1}{2}m_A(v_A)_1^2$

位能 $V_1 = (V_e)_1 + (V_g)_1 = \frac{1}{2}kx_0^2 + 0$

由機械能守恆 $T_0 + V_0 = T_1 + V_1$ 得

$$m_A g x_0 = \frac{1}{2}m_A(v_A)_1^2$$

或 $(v_A)_1 = \sqrt{2gx_0} = \sqrt{2 \times 9.81 \times 4.91 \times 10^{-3}} = 6.26 \text{ m/s}$

(b)碰撞前 $(v_A)_1 = 6.26$ m/s，$(v_B)_1 = 0$，因碰撞為完全塑性碰撞，故碰撞後之速度可以假設為

$$(v_A)_2 = (v_B)_2 = v_2$$

由動量守恆 $m_A(v_A)_1 + m_B(v_B)_1 = (m_A + m_B)v_2$，即

$$30 \times 6.26 + 0 = (30 + 10)v_2$$

得 $v_2 = 4.70$ m/s

(c)完全塑性碰撞後，A 與 B 一起以 4.70 m/s 之初速度繼續壓縮彈簧至最大變形量 x_m，則初動能

$$T_2 = \frac{1}{2}(m_A + m_B)v_2^2 = \frac{1}{2} \times (30 + 10) \times 4.70^2 = 442 \text{ J}$$

位能 V_2 與位能 V_1 相同，即

$$V_2 = \frac{1}{2}kx_0^2 = \frac{1}{2} \times (20 \times 10^3) \times (4.91 \times 10^{-3})^2 = 0.241 \text{ J}$$

達最大壓縮量時 A 與 B 速度為零，即末動能 $T_3 = 0$，位能

$$V_3 = (V_e)_3 + (V_g)_3 = \frac{1}{2}kx_m^2 - (m_A + m_B)g(x_m - x_0)$$

由機械能守恆 $T_2 + V_2 = T_3 + V_3$，即

$$442 + 0.241 = 0 + \frac{1}{2} \times (20 \times 10^3)x_m^2$$

$$- (30 + 10) \times 9.81 \times (x_m - 4.91 \times 10^{-3})$$

解得 $x_m = 0.230$ m，故 B 向下之最大位移為

$$x_m - x_0 = 0.230 - 4.91 \times 10^{-3} = 0.225 \text{ m}$$

例 題 5-6

質量為 m_A 之球 A 於圖 5-19 所示之位置垂直下落並以 v 之速度撞擊質量為 m_B 之三角塊 B 的斜面，若斜面之斜角為 θ，碰撞之恢復係數為 e，不計任何摩擦，試求碰撞後 B 之速度為何？

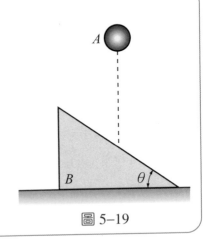

圖 5-19

解 由圖 5-20(a)可知 A 於碰撞線（垂直於斜面）之方向 n 會受到來自 B 之衝量 $F\Delta t$，故於 t 方向為動量守恆，即

$$m_A(v_A)_t = m_A(v_A')_t \text{ 或 } (v_A')_t = v\sin\theta$$

而由圖 5-20(b)於碰撞瞬間在垂直方向有衝量 $P\Delta t$，故水平方向為動量守恆，即

$$0 + 0 = m_A(v_A')_n\sin\theta + m_A(v_A')_t\cos\theta - m_Bv_B'$$

$$= m_A(v_A')_n\sin\theta + m_Av\sin\theta\cos\theta - m_Bv_B'$$

上式整理得

$$m_Av\sin\theta\cos\theta = m_Bv_B' - m_A(v_A')_n\sin\theta \cdots\cdots\cdots\cdots\cdots\cdots (1)$$

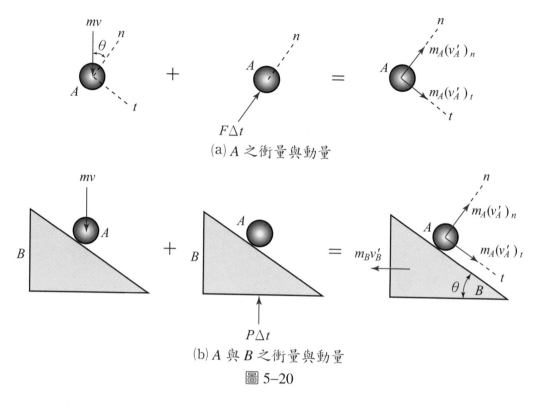

(a) A 之衝量與動量

(b) A 與 B 之衝量與動量

圖 5–20

依恢復係數之定義

$$e = \frac{(v'_A)_n - (v'_B)_n}{(v_B)_n - (v_A)_n}$$

則可得下式

$$(v'_A)_n - (-v'_B\sin\theta) = ev\cos\theta - 0$$

或　　$ev\cos\theta = (v'_A)_n + (v'_B)\sin\theta$ ⋯⋯⋯⋯⋯⋯⋯⋯⋯⋯⋯⋯⋯ (2)

(2)式乘以 $m_A\sin\theta$ 後加上(1)式可得

$$(1 + e)m_Av\sin\theta\cos\theta = m_Av'_B\sin^2\theta + m_Bv'_B$$

整理得 v'_B 為

$$v'_B = \frac{(1 + e)\sin\theta\cos\theta}{\dfrac{m_B}{m_A} + \sin^2\theta}v$$

習 題

7. 三個完全相同之圓球 A、B、C 如圖 5-21 所示，其中 A 以 4 m/s 之速度移動，而 B、C 則為靜止，若所有碰撞的恢復係數皆為 0.4，不計任何摩擦，試求當此三球間的碰撞均結束後，各球的速度為何？

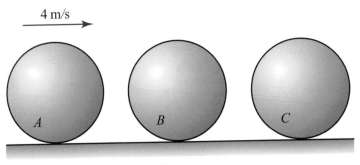

4 m/s

圖 5-21

8. 兩相同之質點 A 與 B 如圖 5-22 所示於一水平平面上產生碰撞，若不計任何摩擦，且已知碰撞之恢復係數為 0.8，試求碰撞後 A 及 B 的速度各為若干？

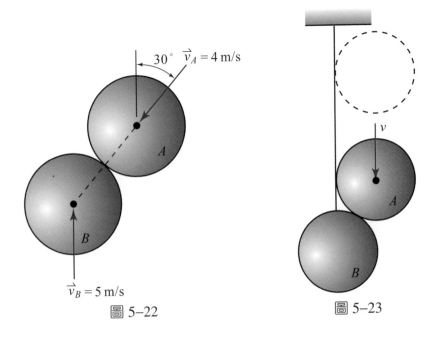

$30°$ $\vec{v}_A = 4$ m/s

$\vec{v}_B = 5$ m/s

圖 5-22

v

圖 5-23

9. 如圖 5–23 所示，靜止之球 B 繫於一繩之下方，受到另一相同之球 A 於垂直下落之過程中以 v 之速度撞擊，假設碰撞過程為完全彈性碰撞且不計任何摩擦，求碰撞後各球之速度為何？

10. 如圖 5–24 所示，質量為 4.5 kg 之 A 由靜止釋放後，擺動 60° 後與質量為 1.5 kg 之 B 產生恢復係數為 0.9 之碰撞，試求碰撞後 A 及 B 擺動之角度各為若干？

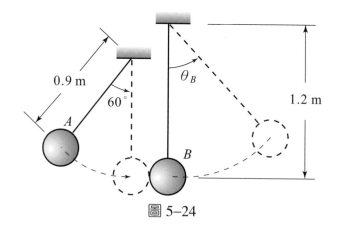

圖 5–24

11. 如圖 5–25 所示，質量為 2.5 kg 之 A 沿半徑為 2 m 之 90 度圓弧形路段下降至最低點後，與質量為 4 kg 且原為靜止之 B 產生碰撞，已知碰撞恢復係數為 0.9，試求：

(a)碰撞結束之瞬間 B 之速度為何？

(b)碰撞後 B 會上升之最大高度為何？

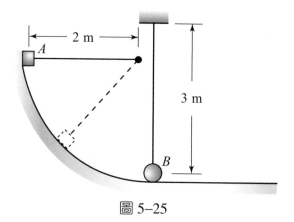

圖 5–25

12. 質量為 4 kg 之球 A 於圖 5–26 所示之位置靜止被釋放，當其擺動 60° 後與原為靜止且質量為 5 kg 之 B 發生碰撞，已知碰撞後 A 球之速度為零，而 B 在移動 3 m 後停止。試求：

(a)碰撞之恢復係數為若干？

(b) B 與地面之摩擦係數為何？

13. 質量為 20 g 之子彈 A 以 $v = 600$ m/s 之速度射入質量為 4.5 kg 之靜止木塊 B 中，如圖 5–27 所示。已知木塊與地面間之動摩擦係數為 0.4，試求：

(a)木塊移動之距離？

(b)因摩擦所損失之能量佔最初能量的百分比為多少？

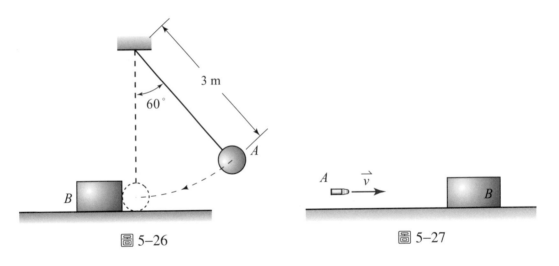

圖 5–26　　　　　　　　　　　　　圖 5–27

14. 質量為 0.5 kg 之 A 於圖 5–28 所示之位置由靜止被釋放，落下 2.4 m 後與質量為 2.5 kg 且靜止之 B 作完全塑性碰撞，若 B 下方受到彈簧常數 $k = 3$ kN/m 之彈簧的支撐，試求：

(a)碰撞後 B 下降之最大距離為何？

(b)因碰撞所損失之能量為何？

15. 質量為 8 kg 之球 A 由靜止之 B 的上方 10 m 處靜止釋放，如圖 5–29 所示。已知 B 的質量 6 kg，B 下方之彈簧其常數 $k = 300$ N/m，若 A 與 B 間為完全彈性碰撞，求彈簧之最大壓縮量為何？

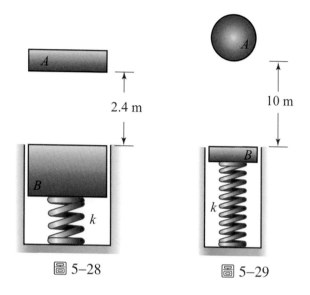

圖 5-28　　　　　圖 5-29

🎱 5-6　角動量及其時變率

　　前述 §5-2 節中提及質點之動量為 $m\vec{v}$，若將質點之位置向量與動量作向量積之運算，以 $\vec{H}_O$ 來表示，稱為質點之**角動量** (angular momentum)，即

$$\vec{H}_O = \vec{r} \times m\vec{v}$$
(5-26)

　　上式中之下標 "O" 代表慣性參考座標系 $Oxyz$ 之原點，亦即位置向量 $\vec{r}$ 之向量起點，故角動量 $\vec{H}_O$ 為動量 $m\vec{v}$ 對原點 O 之「矩」(moment)，在《應用力學——靜力學》中對「矩」的概念有完整的描述，而由力矩 $\vec{M}_O$ 之表示式

$$\vec{M}_O = \vec{r} \times \vec{F}$$
(5-27)

亦可看出角動量為沿用力矩的觀念，為向量與距離之乘積，故角動量亦稱為動量矩 (moment of momentum)。

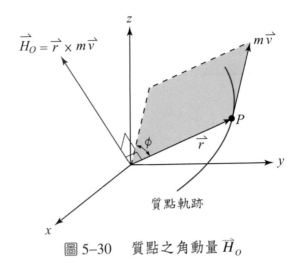

圖 5-30　質點之角動量 $\vec{H}_O$

　　角動量既是 $\vec{r}$ 與 $m\vec{v}$ 兩個向量之向量積的運算，則由圖 5-30，$\vec{H}_O$ 之方向為沿 $\vec{r}$ 與 $m\vec{v}$ 所形成平面的法線方向，或由右手定則來加以決定。而 $\vec{H}_O$ 之大小則為由 $\vec{r}$ 與 $m\vec{v}$ 所形成平行四邊形的面積，即

$$H_O = rmv\sin\phi \tag{5-28}$$

上式中角度 ϕ 為 $\vec{r}$ 與 $m\vec{v}$ 之夾角。

　　若以直角座標表示法來表示 $\vec{r}$ 及 $m\vec{v}$ 如下：

$$\vec{r} = x\vec{i} + y\vec{j} + z\vec{k} \tag{5-29}$$

$$m\vec{v} = mv_x\vec{i} + mv_y\vec{j} + mv_z\vec{k} \tag{5-30}$$

則角動量 $\vec{H}_O$ 可以由如下之行列式加以計算得之。

$$\vec{H}_O = \begin{vmatrix} \vec{i} & \vec{j} & \vec{k} \\ x & y & z \\ mv_x & mv_y & mv_z \end{vmatrix} \tag{5-31}$$

　　若將角動量 $\vec{H}_O$ 對時間 t 加以微分如下：

$$\dot{\vec{H}}_O = \dot{\vec{r}} \times m\vec{v} + \vec{r} \times m\dot{\vec{v}} \tag{5-32}$$

上式中等號右邊第一項之 $\dot{\vec{r}}$ 即為速度 $\vec{v}$，依向量積之定義知該項為零；而第二項之 $m\dot{\vec{v}}$ 由牛頓第二定律可知為 $m\dot{\vec{v}} = m\vec{a} = \sum\vec{F}$，故 (5–32) 式可改寫為

$$\dot{\vec{H}}_O = \sum(\vec{r} \times \vec{F}) \tag{5–33}$$

而由 (5–27) 式可進一步得到

$$\boxed{\dot{\vec{H}}_O = \sum\vec{M}_O} \tag{5–34}$$

(5–34) 式說明質點角動量之時變率等於外力對原點所產生之力矩總和。(5–34) 式可以與 (5–3) 式合併視為牛頓第二定律的另一種表示型式，特別是在處理如包含有兩個或以上不同質點之質點系統或剛體的問題時更具有實用價值。

🌑 5–7　角衝量與角動量原理

將 (5–34) 式對時間 t 加以積分可得

$$\boxed{\sum\int_{t_1}^{t_2}\vec{M}_O dt = (\vec{H}_O)_2 - (\vec{H}_O)_1}$$

或

$$\boxed{(\vec{H}_O)_1 + \sum\int_{t_1}^{t_2}\vec{M}_O dt = (\vec{H}_O)_2} \tag{5–35}$$

其中之積分項稱為**角衝量** (angular impulse)，而上式即為**角衝量與角動量原理** (Principle of Angular Impulse and Momentum)。由 (5–35) 式可知若角衝量為零，則質點之**角動量守恆** (Conservation of Angular Momentum)，而欲使角衝量為零，可能的情況為外力或其合力為零；或是作用於質點之外力其作用線均

通過原點 O，這種力量稱為中心力 (central force)。

若系統包含有一個以上不同的質點，則對每個質點均可寫出如 (5–35) 式之方程式，則將所有質點之角衝量與角動量方程式逐項相加整理後可得

$$\sum (H_O)_1 + \sum \int_{t_1}^{t_2} \vec{M}_O dt = \sum (\vec{H}_O)_2 \tag{5–36}$$

而當角衝量為零時，系統之角動量守恆，即

$$\boxed{\sum (H_O)_1 = \sum (H_O)_2} \tag{5–37}$$

例 題 5–7

質量為 100 g 之滑塊 A 可於一水平放置、長度為 300 mm 且無摩擦之桿上自由滑動，如圖 5–31 所示，而一彈簧常數為 50 N/m，自由長度為 200 mm 之彈簧則連接於滑塊與桿的端點 B 之間，若滑塊於 $r = 100$ mm 處給予 $v_r = 0$ 且 $v_\theta = 10$ m/s 之運動，不計桿之質量，試求當 $r = 250$ mm 時，滑塊之徑向及橫向速度 v_r 及 v_θ 各為何？

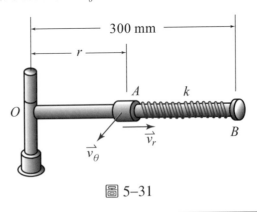

圖 5–31

解 作用於滑塊的外力有兩個，一為滑塊之重力，因其在垂直於 r–θ 水平平面之 z 方向上，對 r–θ 水平平面之運動沒有影響，故可不予考慮；

另一外力為彈簧之彈力，因其作用線方向通過原點 O，故為中心力，由 (5-35) 式知角衝量為零，故在 r–θ 水平面上角動量守恆。

由 $r_1 = 0.1$ m, $v_\theta = 10$ m/s, $r_2 = 0.25$ m，則

$$mr_1(v_\theta)_1 = mr_2(v_\theta)_2$$

即　　$0.1 \times 10 = 0.25 \times (v_\theta)_2$

故　　$(v_\theta)_2 = 4$ m/s

摩擦不計，故機械能守恆，且位能因水平運動之緣故不必考慮重力位能，僅考慮彈力位能即可，由 $T_1 + V_1 = T_2 + V_2$ 可得

$$T_1 = \frac{1}{2}m[(v_r)_1^2 + (v_\theta)_1^2] = \frac{1}{2} \times 0.1 \times (0 + 10^2) = 5 \text{ J}$$

$$V_1 = \frac{1}{2}k\Delta r_1^2 = 0$$

$$T_2 = \frac{1}{2}m[(v_r)_2^2 + (v_\theta)_2^2] = \frac{1}{2} \times 0.1 \times [16 + (v_r)_2^2]$$

$$V_2 = \frac{1}{2}k\Delta r_2^2 = \frac{1}{2} \times 50 \times (0.2 - 0.05)^2 = 0.5625$$

故　　$(v_r)_2 = 8.5294$ m/s

例 題 5-8

一個小圓球繫於繩之下方並於水平面上作等速圓周運動，而繩之另一端則通過 O 處之小圓孔，若此繩之自由端長度為 ℓ_1，而繩與鉛直夾 θ_1 之角度；現將此繩由上端逐漸拉出使其自由端長度為 ℓ_2，與鉛直之夾角為 θ_2，試求出 ℓ_1, ℓ_2, θ_1 及 θ_2 之關係式？

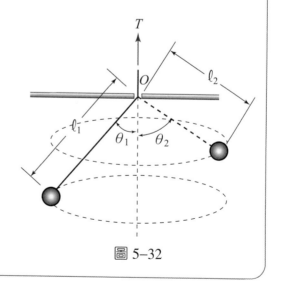

圖 5-32

解 因張力 T 通過原點 O，故對圓球運動所在的水平平面而言，其角動

量應該守恆，即

$$mr_1v_1 = mr_2v_2$$

因 $r_1 = \ell_1\sin\theta_1$ 且 $r_2 = \ell_2\sin\theta_2$，故上式成為

$$\ell_1v_1\sin\theta_1 = \ell_2v_2\sin\theta_2 \cdots\cdots\cdots\cdots\cdots\cdots\cdots\cdots\cdots\cdots\cdots\cdots (*)$$

由圖 5–33(a)，依牛頓第二定律可得

$$\begin{cases} T_1\sin\theta_1 = m\dfrac{v_1^2}{r_1} \\[2mm] T_1\cos\theta_1 = mg \end{cases}$$

上兩式合併整理得

$$v_1^2 = g\ell_1\frac{\sin^2\theta_1}{\cos\theta_1}$$

同理由圖 5–33(b)可得

$$v_2^2 = g\ell_2\frac{\sin^2\theta_2}{\cos\theta_2}$$

將 (*) 式平方後代入 v_1^2 及 v_2^2 後可得

$$\ell_1^2\sin^2\theta_1(g\ell_1\frac{\sin^2\theta_1}{\cos\theta_1}) = \ell_2^2\sin^2\theta_2(g\ell_2\frac{\sin^2\theta_2}{\cos\theta_2})$$

整理後可得

$$\ell_1^3\sin^3\theta_1\tan\theta_1 = \ell_2^3\sin^3\theta_2\tan\theta_2$$

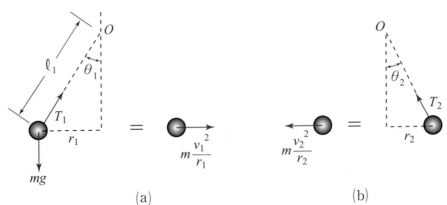

(a) (b)

圖 5–33

🌀 5-8 質點系統質心之運動

由《應用力學——靜力學》可知對於由數個不同質點所構成之系統其質心 G 之位置 $\bar{r}$ 為

$$\bar{r} = \frac{\sum m_i \vec{r}_i}{\sum m_i} \tag{5-38}$$

上式中 m_i 及 $\vec{r}_i$ 分別為系統中第 i 個質點之質量及位置。若將上式對時間 t 微分後則可得質心 G 之速度 $\bar{v}$ 為

$$\bar{v} = \frac{\sum m_i \vec{v}_i}{\sum m_i} \tag{5-39}$$

若系統之總質量 $\sum m_i$ 以 m 來表示,則上式代表系統之總動量 $\vec{L}$ 等於質心處之動量,即

$$\boxed{\vec{L} = m\bar{v}} \tag{5-40}$$

若將上式更進一步對時間 t 微分,則可得下式:

$$\dot{\vec{L}} = m\bar{a} \tag{5-41}$$

由 (5-3) 式可知上式亦可寫為

$$\boxed{\sum \vec{F} = m\bar{a}} \tag{5-42}$$

(5-42) 式所代表的意義在於外力作用下的質點系統的運動可以由質心 G 之運動來取代。例如飛行中的砲彈在空中爆炸後,其碎片之質心仍繼續依原砲彈未爆炸之路徑行進。

更進一步由質點系統質心 G 之角動量 $\vec{H}_G$ 及圖 5–34 可以定義為

$$\vec{H}_G = \sum(\vec{r}_i' \times m_i\vec{v}_i) \tag{5–43}$$

上式中之線動量 $m_i\vec{v}_i$ 係相對固定之參考座標系 $Oxyz$，而由 $\vec{r}_i = \vec{r} + \vec{r}_i'$ 可得

$$\vec{v}_i = \vec{v} + \vec{v}_i' \tag{5–44}$$

代入 (5–43) 式後可得下式：

$$\begin{aligned}
\vec{H}_G &= \sum[\vec{r}_i' \times m_i(\vec{v} + \vec{v}_i')] \\
&= (\sum m_i\vec{r}_i') \times \vec{v} + \sum(\vec{r}_i' \times m_i\vec{v}_i')
\end{aligned} \tag{5–45}$$

其中等號右側第一項中之 $\sum m_i\vec{r}_i' = m\vec{r}' = 0$，故

$$\vec{H}_G = \sum(\vec{r}_i' \times m_i\vec{v}_i') \tag{5–46}$$

上式中 $m_i\vec{v}_i'$ 為相對於質心參考座標系 $Gx'y'z'$ 之動量。

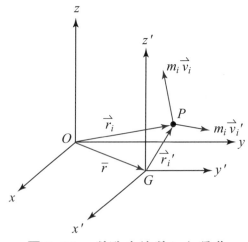

圖 5–34　質點系統質心之運動

將 (5–46) 式對時間 t 微分後如下：

$$\dot{\vec{H}}_G = \sum(\dot{\vec{r}}_i' \times m_i\vec{v}_i') + \sum(\vec{r}_i' \times m_i\vec{a}_i') \tag{5–47}$$

上式中等號右側第一項為零，而 $\vec{a}_i'$ 由 (5–44) 式對時間微分後可得為 $\vec{a}_i' = \vec{a}_i - \bar{a}$ 代入後將成為

$$\dot{\vec{H}}_G = \sum [\vec{r}_i' \times m_i(\vec{a}_i - \bar{a})]$$
$$= \sum (\vec{r}_i' \times m_i\vec{a}_i) - \sum (m_i\vec{r}_i') \times \bar{a} \tag{5–48}$$

其中第二項因 $m\vec{r}' = 0$ 故仍為零，而由牛頓第二定律，上式第一項為外力對質心所產生之力矩總和 $\sum \vec{M}_G$，故

$$\boxed{\dot{\vec{H}}_G = \sum \vec{M}_G} \tag{5–49}$$

由上式可知質心 G 處角動量之時變率等於外力對質心 G 之力矩總和。此結果與 (5–34) 式對照，更可說明對質點系統之分析可由對質心 G 之分析來取代。

例 題 5–9

質量為 m_B 之球 B 以一長度為 ℓ 之繩懸吊於質量為 m_A 之車 A 下方如圖 5–35 所示，若球 B 於系統為靜止狀態下被給予一 $\vec{v}$ 之速度，試求：

(a)球 B 擺動至最高處時速度為何？

(b)球 B 所能上升之最大垂直高度 h 為何？

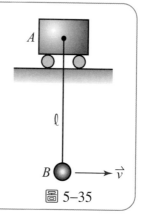

圖 5–35

解 (a)若車 A 之速度為 $\vec{v}_A$，則球 B 之速度 $\vec{v}_B$ 可由相對運動之觀念定義為

$$\vec{v}_B = \vec{v}_A + \vec{v}_{B/A}$$

其中 $\vec{v}_{B/A}$ 如圖 5–36 (a)所示為垂直於繩之方向。當 B 達到最高處時，$v_{B/A} = 0$，即 $v_B = v_A = v'$，換句話說，B 與 A 具有相同之速度，

且其方向均為沿水平方向。由圖 5-36 (b)所示，依衝量與動量原理，因外力之作用皆為沿垂直之方向，故沿水平方向之動量保持不變，故

$$m_B v = m_A v' + m_B v'$$

故球 B 之速度在最大高度時為

$$v' = \frac{m_B}{m_A + m_B} v$$

(b)設在起始之靜止狀態球 B 處為重力位能之基準面，假設 B 能上升之最大高度為 h，則由機械能守恆，

$$T_1 = \frac{1}{2} m_B v^2 \qquad V_1 = m_A g \ell$$

$$T_2 = \frac{1}{2} (m_A + m_B) v'^2 \qquad V_2 = m_A g \ell + m_B g h$$

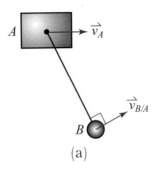

(a)

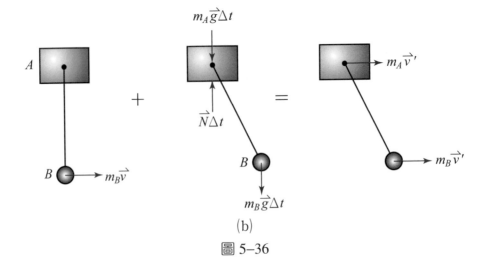

(b)

圖 5-36

則由 $T_1 + V_1 = T_2 + V_2$，

$$\frac{1}{2}m_B v_0^2 + m_A g\ell = \frac{1}{2}(m_A + m_B)v'^2 + m_A g\ell + m_B g h$$

解得 B 所能上升之最大垂直高度 h 為

$$h = \frac{m_A}{m_A + m_B}\frac{v^2}{2g}$$

例題 5-10

兩個球 A 及 B 質量分別為 m 及 $3m$，以一長度為

ℓ 且質量可忽略之桿連接如圖 5-37 所示。若最初

此兩球靜止置於水平且無摩擦之平面上，則當球

A 被給予一沿 x 軸方向之速度 v 時，試求：

(a)系統相對於質心之線動量及角動量為何？

(b)當桿轉動 90 度後，A 及 B 之速度各為何？

(c)當桿轉動 180 度後，A 及 B 之速度各為何？

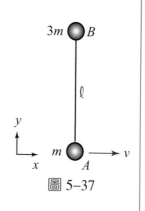

圖 5-37

解 (a)由圖 5-38(a)，質心位置 $\bar{y}$ 為

$$\bar{y} = \frac{\sum m_i y_i}{\sum m_i} = \frac{3m\ell\vec{j}}{4m} = \frac{3}{4}\ell\vec{j}$$

系統相對於質心之線動量 $\vec{L}$ 及角動量 $\vec{H}_G$ 為

$$\vec{L} = \sum m_i \vec{v}_i = mv\vec{i}$$

$$\vec{H}_G = \sum(\vec{r}_i' \times m_i\vec{v}_i) = (-\frac{3}{4}\ell\vec{j}) \times (mv\vec{i}) = \frac{3}{4}m\ell v\vec{k}$$

(b)由 (5-43) 及 (5-46) 式，系統相對於質心 G 之角動量 $\vec{H}_G$ 為

$$\vec{H}_G = \sum(\vec{r}_i' \times m_i\vec{v}_i) = \sum(\vec{r}_i' \times m_i\vec{v}_i')$$

$$= \vec{r}_A' \times m_A\vec{v}_A' + \vec{r}_B' \times m_B\vec{v}_B'$$

由圖 5-38(b)，相對於質心座標 $Gx'y'$，

$$\vec{r}_A' = -\frac{3}{4}\ell\vec{j} \qquad \vec{r}_B' = \frac{1}{4}\ell\vec{j}$$

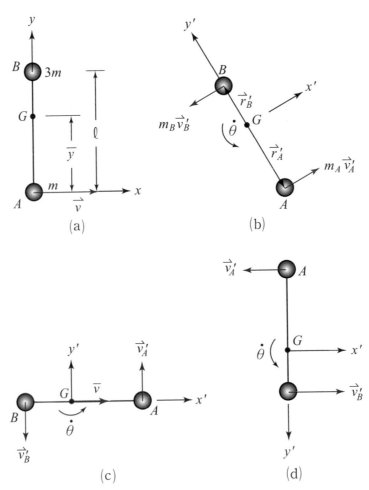

圖 5–38

$$m_A\vec{v}'_A = m(\frac{3}{4}\ell)\dot{\theta}\vec{i} \qquad m_B\vec{v}'_B = -3m(\frac{\ell}{4})\dot{\theta}\vec{i}$$

故 $$\vec{H}_G = (-\frac{3}{4}\ell)\vec{j}\times(\frac{3}{4}m\ell\dot{\theta}\vec{i}) + (\frac{1}{4}\ell\vec{j})\times(-\frac{3}{4}m\ell\dot{\theta}\vec{i})$$

$$= \frac{3}{4}m\ell^2\dot{\theta}\vec{k}$$

由(a)部份之結果 $\vec{H}_G = \frac{3}{4}m\ell v\vec{k}$，故角速度 $\dot{\theta}$ 為

$$\dot{\theta} = \frac{v}{\ell}$$

同理，由(a)部份之結果 $\vec{L} = mv\vec{i}$ 及 (5–40) 式可知質心速度 $\bar{v}$ 為

$$\vec{v} = \frac{L}{m_A + m_B} = \frac{1}{4}v\vec{i}$$

由圖 5-38(c)可知，

$$\vec{v}'_A = \frac{3}{4}\ell\dot{\theta}\vec{j} = \frac{3}{4}v\vec{j} \qquad \vec{v}'_B = -\frac{1}{4}\ell\dot{\theta}\vec{j} = -\frac{1}{4}v\vec{j}$$

故 A 及 B 之速度由 (5-44) 式，

$$\vec{v}_A = \vec{v} + \vec{v}'_A = \frac{1}{4}v\vec{i} + \frac{3}{4}v\vec{j}$$

$$\vec{v}_B = \vec{v} + \vec{v}'_B = \frac{1}{4}v\vec{i} - \frac{1}{4}v\vec{j}$$

(c)由圖 5-38(d)可知，

$$\vec{v}'_A = -\frac{3}{4}\ell\dot{\theta}\vec{i} = -\frac{3}{4}v\vec{i} \qquad \vec{v}'_B = \frac{1}{4}\ell\dot{\theta}\vec{i} = \frac{1}{4}v\vec{i}$$

故 A 及 B 之速度為

$$\vec{v}_A = \vec{v} + \vec{v}'_A = \frac{1}{4}v\vec{i} - \frac{3}{4}v\vec{i} = -\frac{1}{2}v\vec{i}$$

$$\vec{v}_B = \vec{v} + \vec{v}'_B = \frac{1}{4}v\vec{i} + \frac{1}{4}v\vec{i} = \frac{1}{2}v\vec{i}$$

例 題 5-11

三個完全相同之球 A, B, C 於一水平及無摩擦之平面上如圖 5-39 所示，其中 A 與 B 原為靜止並以一長為 ℓ 之繩相連，C 則以 v 之速度與 B 作完全彈性之正向碰撞，試求碰撞後 A, B, C 之速度各為若干？

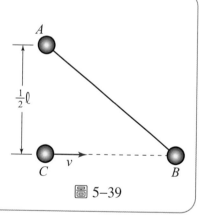

圖 5-39

解 由圖 5-40(a)可知因球 A 原為靜止，於碰撞過程中僅受到來自繩子拉力所產生之衝量，故碰撞後之速度 $\vec{v}_A$ 為

$$\vec{v}_A = v_A \diagdown 30°$$

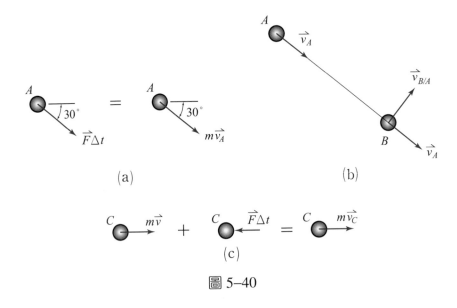

$$\text{(c)}$$

圖 5-40

由圖 5-40(b)球 B 之速度 $\vec{v}_B$ 依相對運動可知

$$\vec{v}_B = \vec{v}_A + \vec{v}_{B/A} = [v_A \ \diagdown 30°] + [v_{B/A} \ \diagup 60°]$$

而由圖 5-40(c)則球 C 之速度為沿水平方向，或

$$\vec{v}_C = v_C \rightarrow$$

由動量守恆可得

$$mv\vec{i} = m\vec{v}_A + m\vec{v}_B + m\vec{v}_C$$

$$= 2[mv_A \ \diagdown 30°] + [mv_{B/A} \ \diagup 60°] + [mv_C \rightarrow]$$

將上式依水平及垂直方向分解後可得

$$\begin{cases} mv = 2mv_A\cos30° + mv_{B/A}\cos60° + mv_C \\ 0 = -2mv_A\sin30° + mv_{B/A}\sin60° \end{cases}$$

整理後可得

$$v_{B/A} = \frac{2\sqrt{3}}{3}v_A \qquad v_C = v - \frac{4\sqrt{3}}{3}v_A$$

再由完全彈性碰撞之能量守恆，即

$$\frac{1}{2}mv^2 = \frac{1}{2}mv_A^2 + \frac{1}{2}mv_B^2 + \frac{1}{2}mv_C^2$$

$$= \frac{1}{2}mv_A^2 + \frac{1}{2}m(v_A^2 + v_{B/A}^2) + \frac{1}{2}mv_C^2$$

或　　$v^2 = 2v_A^2 + v_{B/A}^2 + v_C^2 = 2v_A^2 + \dfrac{4}{3}v_A^2 + (v - \dfrac{4\sqrt{3}}{3}v_A)^2$

解得　$v_A = 0$（最初起始時）或 $v_A = \dfrac{4\sqrt{3}}{13}v$

即　　$\vec{v}_A = 0.533v \diagdown 30°$

而　　$v_{B/A} = \dfrac{2\sqrt{3}}{3}v_A = \dfrac{2\sqrt{3}}{3}(\dfrac{4\sqrt{3}}{13}v) = \dfrac{8}{13}v$

故 $\vec{v}_B$ 之大小為

$$v_B = \sqrt{(\dfrac{4\sqrt{3}}{13}v)^2 + (\dfrac{8}{13}v)^2} = 0.814v$$

由圖 5–41，$\vec{v}_B$ 之方向 θ 角為

$$\theta = \tan^{-1}\dfrac{v_{B/A}}{v_A} - 30° = 49.1° - 30° = 19.1°$$

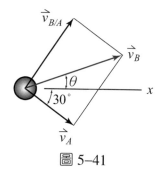

圖 5–41

球 B 之速度 $\vec{v}_B$ 為

$$\vec{v}_B = 0.814v \diagup 19.1°$$

球 C 之速度大小 v_C 為

$$v_C = v - \dfrac{4\sqrt{3}}{3}v_A = v - \dfrac{16}{13}v = -\dfrac{3}{13}v$$

故球 C 之速度 $\vec{v}_C = 0.231v \leftarrow$

習　題

16. 質量為 300 g 之滑塊如圖 5–42 所示可在水平桿上自由滑動，而此水平桿亦可繞其中心軸自由轉動，滑塊與轉軸間有一彈簧常數為 5 N/m 之彈簧，其自由長度為 750 mm，當靜止時一細繩繫住滑塊使其保持於位置 A，若水平桿開始以 12 rad/s 之角速度轉動並將細繩剪斷，不計摩擦及桿之質量，試求當滑塊移至位置 B 時：

(a)橫向速度為何？　(b)徑向及橫向加速度各為何？

(c)相對於桿之加速度為何？

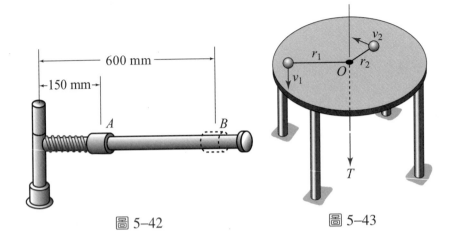

圖 5-42　　　　　　　　　　圖 5-43

17. 質量為 2 kg 之小圓球繫於繩的一端，繩的另一端則通過桌面中心點之小圓孔如圖 5-43 所示，若此小圓球於 r_1 為 2 m 時其速率 v_1 為 2 m/s，已知此繩之最大容許張力為 10 N，試求當繩逐漸由圓孔被抽下時：

(a)最小之距離 r_2 為何？

(b)續(a)，對應之速率 v_2 為何？

18. 如圖 5-44 所示，完全相同之三個球 A, B, C，其中 B 與 C 原為靜止且互相接觸，若 A 以 v 之速度撞上 B 與 C，且三個球以圖示之方向移動，不計任何摩擦，且碰撞均為完全彈性碰撞，試以 v 及 θ 表示 v_A, v_B 及 v_C。

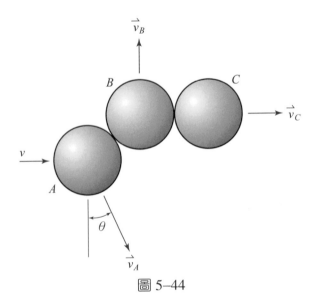

圖 5-44

19. 質量 20 kg 之 *B* 以 2 m 長之繩懸掛於質量 30 kg 之 *A* 車下方，且 *A* 車可於水平面上自由滑行，若系統於如圖 5–45 所示之位置由靜止釋放，不計摩擦，試求當 *B* 通過 *A* 正下方時 *A* 及 *B* 之速度各為何?

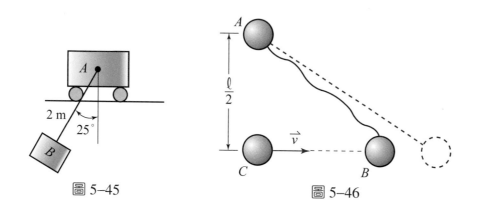

圖 5–45   圖 5–46

20. 三個完全相同之球 *A*, *B*, *C* 於一水平及無摩擦之平面上如圖 5–46 所示，其中 *A* 與 *B* 原為靜止並以一長為 *ℓ* 之繩相連，*C* 則以 *v* 之速度與 *B* 作完全彈性之正向碰撞，且碰撞時繩子並未拉緊，試求當繩子拉緊之瞬間 *A*, *B*, *C* 之速度各為何?

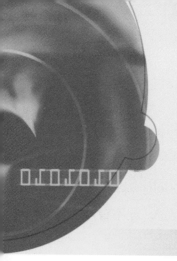

第六章
剛體之平面運動學

📀 6–1　剛體之平面運動

　　本章將探討剛體之平面運動，由於剛體本身具有大小及形狀，因此所謂剛體的平面運動指的是剛體上的所有點均在同一平面或互相平行之平面上運動。如同第二章中對運動學所作的定義一般，剛體之平面運動學在於建立平面運動之剛體各點間之位置、速度、加速度及時間等物理量之關係，而且本章僅研究其現象，並不探討造成此種現象之原因，也就是說，運動學並不牽涉到力量之分析，也因為如此，剛體之質量對運動學而言是不需要的。

　　剛體之平面運動可大致分為平移 (translation)，繞固定軸之旋轉 (rotation about a fixed axis)，以及一般平面運動 (general plane motion) 三種類型，將在以下的各節中分別加以詳細說明。圖 6–1 所示為一滑塊連桿機構 (slider-crank mechanism) 帶動一個雙曲柄機構 (double-crank mechanism) 之示意圖，其中之滑塊為進行直線平移運動；連桿 1 則進行一般平面運動；曲柄 1 為一飛輪裝置而其運動為繞固定軸之旋轉，曲柄 2 亦同；連桿 2 則作曲線平移運動。

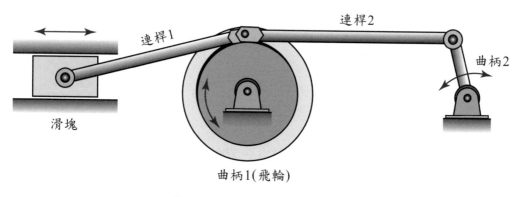

圖 6–1　剛體之平面運動例

　　本章之另一個重點為探討旋轉座標系中之剛體的相對運動分析，如圖 6-2所示即為此種運動之實例，在剛體之滑動相對速度因本身或所在剛體的運動而產生旋轉的情況下將會產生所謂的柯氏加速度 (Coriolis acceleration)，而在圖 6-1 中的滑塊運動因其滑動之相對速度的方向為固定，並不會產生柯氏加速度。

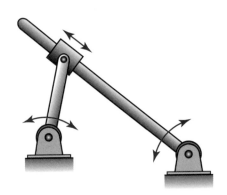

圖 6-2　　旋轉座標系之相對運動實例

6-2　平　移

　　剛體之平移運動可以分為直線平移 (rectilinear translation) 或曲線平移 (curvilinear translation) 兩種，如圖 6-3 所示。而不論剛體進行何種平移運動，其每一點的位移在平移過程中均是相同的。假設圖 6-4 中 A 及 B 為剛體上之任意兩點，則由相對運動可知

$$\vec{r}_B = \vec{r}_A + \vec{r}_{B/A} \tag{6-1}$$

將上式對時間 t 微分可得

$$\vec{v}_B = \vec{v}_A + \frac{d}{dt}(\vec{r}_{B/A}) \tag{6-2}$$

因平移運動的緣故 $\vec{r}_{B/A}$ 之大小及方向均不改變，即 (6-2) 式之微分項為零，或

$$\vec{v}_B = \vec{v}_A \tag{6-3}$$

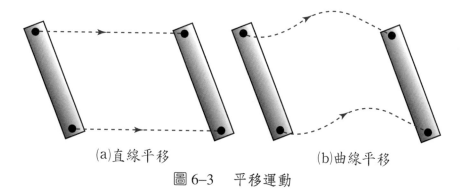

(a)直線平移　　　　　(b)曲線平移

圖 6-3　平移運動

同理，

$$\vec{a}_B = \vec{a}_A \tag{6-4}$$

由 (6-3) 式及 (6-4) 式可知平移運動之剛體其每一點之速度及加速度均相同。

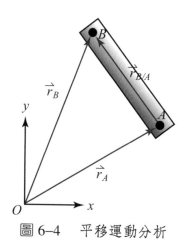

圖 6-4　平移運動分析

🌑 6-3 繞固定軸之旋轉

平面旋轉運動之剛體其旋轉軸之方向應沿平面之法線方向，參考圖 6-5 所示，剛體以通過 A 點垂直紙面向外之方向為旋轉軸，若將參考座標系之 z 軸定義為與此旋轉軸重合，則剛體旋轉之角速度 $\vec{\omega}$ 可表示為 $\vec{\omega} = \dot{\theta}\vec{k}$，其中角度 θ 為剛體上任意一點 B 之位置向量 $\vec{r}$ 由 x 軸所算起之角度，若 $\vec{i}, \vec{j}$ 為 x 及 y 方向之單位向量，則位置向量 $\vec{r}$ 為

$$\vec{r} = r\cos\theta\vec{i} + r\sin\theta\vec{j} \tag{6-5}$$

對時間 t 微分後可得速度 $\vec{v}$

$$\vec{v} = \frac{d\vec{r}}{dt} = -r\sin\theta\dot{\theta}\vec{i} + r\cos\theta\dot{\theta}\vec{j} \tag{6-6}$$

(6-6) 式之結果亦可由向量積之型式表示成為

$$\boxed{\vec{v} = \vec{\omega} \times \vec{r}} \tag{6-7}$$

或對平面運動而言亦可寫為

$$\vec{v} = \dot{\theta}\vec{k} \times \vec{r} \tag{6-8}$$

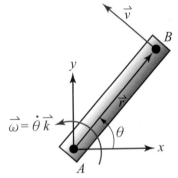

圖 6-5 　旋轉運動之速度分析

若欲更進一步求剛體上任意一點 B 之加速度 $\vec{a}$，則可將 (6–7) 式再對時間 t 微分得到

$$\vec{a} = \frac{d\vec{v}}{dt} = \frac{d}{dt}(\vec{\omega} \times \vec{r}) = \frac{d\vec{\omega}}{dt} \times \vec{r} + \vec{\omega} \times \vec{v} \tag{6–9}$$

(6–9) 式中可將角速度 $\vec{\omega}$ 對時間之微分定義為角加速度 $\vec{\alpha}$，則 (6–9) 式亦可表示成

$$\boxed{\vec{a} = \vec{\alpha} \times \vec{r} + \vec{\omega} \times (\vec{\omega} \times \vec{r})} \tag{6–10}$$

(6–10) 式中 $\vec{\alpha} \times \vec{r}$ 由圖 6–6 中可看出係與速度 $\vec{v}$ 同方向，均在沿質點運動運動軌跡之切線方向，故為切線加速度，對平面運動而言亦可寫為

$$\vec{\alpha} \times \vec{r} = \ddot{\theta}\,\vec{k} \times \vec{r} \tag{6–11}$$

而 (6–10) 式中 $\vec{\omega} \times (\vec{\omega} \times \vec{r})$ 若依右手定則可判斷出其方向為沿 $-\vec{r}$ 之方向，即指向 $\vec{r}$ 之起始點 A，故為向心加速度如圖 6–6 所示，對平面運動而言亦為

$$\vec{\omega} \times (\vec{\omega} \times \vec{r}) = -\omega^2 \vec{r} \tag{6–12}$$

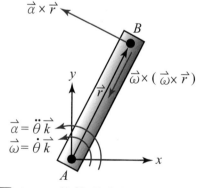

圖 6–6　旋轉運動之加速度分析

6–4　一般平面運動

剛體的一般平面運動即是前述平移運動與繞固定軸之旋轉運動的合成，如圖 6–7 中等號左側所示為一在平面上滾動之圓盤，其中心點為 A_1 及邊緣上任一點 B_1，此圓盤經滾動一段距離後，A_1 及 B_1 分別移至 A_2 及 B_2，若依前述 §6–2 及 §6–3 節之敘述，則此種運動既非平移運動，亦非繞固定軸之旋轉運動，故為一般平面運動，而此運動可由圖 6–7 等號右側之兩個階段之運動來達成，首先先由 A_1B_1 經由平移運動移動至 A_2B_1'，再以 A_2 為旋轉中心由 B_1' 轉動至 B_2。上述之平移運動及繞固定軸之旋轉運動並無固定之先後順序，圖 6–8 所示即為先進行繞通過 A_1 之固定軸的旋轉運動由 B_1 轉動至 B_2'，再進行平移運動由 A_1B_2' 移動至 A_2B_2，而此為與圖 6–7 所示相反的順序仍得到相同的運動結果。

剛體之一般平面運動亦可以由另一個角度來加以分析，如圖 6–9 所示，剛體上任意兩點 A 及 B，對固定之絕對參考座標系（相對於原點 O）而言，剛體由位置 A_1B_1 移動至 A_2B_2 可以視為 A 之絕對運動以及 B 相對於 A 之相對

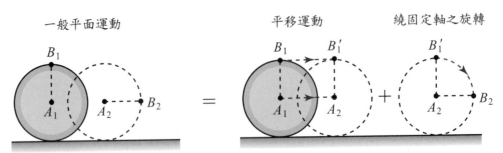

圖 6–7　剛體之一般平面運動

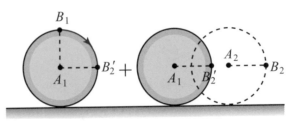

圖 6–8　剛體之一般平面運動（相同結果）

運動的合成。其中前者為相對於絕對之參考座標，而後者則相對於以 A 為原點之平移座標系。若觀察者於 A 點處隨剛體一起運動，則其所觀察到 B 點之運動為由 B_1' 到 B_2 之旋轉運動，這是因為由 A_1B_1 到 A_2B_1' 的絕對運動（平移運動）對此觀察者而言為靜止。

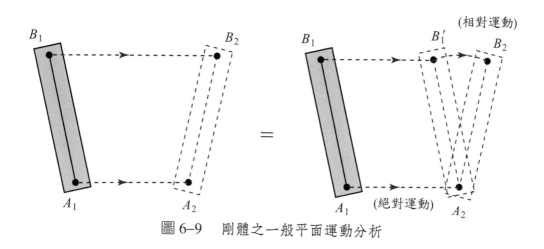

圖 6–9　剛體之一般平面運動分析

6–5　平面運動分析

剛體之平面運動分析可以分為速度及加速度兩部份，利用 §6–4 節中的一般平面運動分析方式，分別詳述如下：

1.速度分析 (velocity analysis)

剛體上任意兩點 A, B 之相對位置關係為

$$\vec{r}_B = \vec{r}_A + \vec{r}_{B/A} \tag{6--13}$$

則速度之關係為

$$\vec{v}_B = \vec{v}_A + \vec{v}_{B/A} \tag{6--14}$$

平移

繞 A 之旋轉

依圖 6–10(a)所示，B 之速度可視為 A 點之絕對速度（平移）及 B 相對於 A 之相對速度（繞 A 之旋轉）的合成。而其中 $\vec{v}_{B/A}$ 可表示為

$$\vec{v}_{B/A} = \vec{\omega} \times \vec{r}_{B/A} = (\dot{\theta}\vec{k}) \times \vec{r}_{B/A} \tag{6–15}$$

上式中 $\vec{\omega} = \dot{\theta}\vec{k}$ 為剛體旋轉之角速度，此角速度並不會受到所取參考座標原點的不同而改變，這是因為角速度的方向為沿剛體運動平面的垂直方向的緣故。圖 6–10(b)所示為 (6–14) 式之向量關係圖。

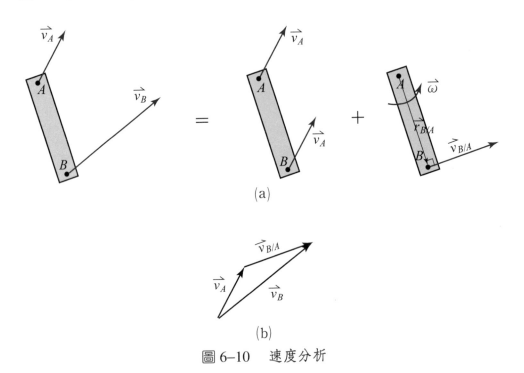

(a)

(b)

圖 6–10　速度分析

2.加速度分析 (acceleration analysis)

將 (6–14) 式對時間再微分後可得剛體上 B 之加速度 $\vec{a}_B$ 為

$$\vec{a}_B = \vec{a}_A + \vec{a}_{B/A} \tag{6–16}$$

平移
繞 A 之旋轉

其中 B 點相對於 A 點之加速度 $\vec{a}_{B/A}$ 依 §6–3 節或 (6–10) 式可以分解為垂直於 $\vec{r}_{B/A}$ 之切線方向之切線加速度 $\vec{\alpha} \times \vec{r}_{B/A}$；以及沿 $-\vec{r}_{B/A}$ 恆指向 A 點之向心加速度 $\vec{\omega} \times (\vec{\omega} \times \vec{r}_{B/A})$，即

$$\vec{a}_{B/A} = (a_{B/A})_t + (a_{B/A})_n = \vec{\alpha} \times \vec{r}_{B/A} + \vec{\omega} \times (\vec{\omega} \times \vec{r}_{B/A}) \tag{6–17}$$

上式中的角速度 $\vec{\omega}$ 及角加速度 $\vec{\alpha}$ 若依平面運動則可進一步表示如下：

$$\vec{a}_{B/A} = (\alpha \vec{k}) \times \vec{r}_{B/A} - \omega^2 \vec{r}_{B/A} \tag{6–18}$$

依 (6–18) 式則 (6–16) 式將成為

$$\boxed{\vec{a}_B = \vec{a}_A + (\alpha \vec{k}) \times \vec{r}_{B/A} - \omega^2 \vec{r}_{B/A}} \tag{6–19}$$

　　圖 6–11(a)所示為剛體平面運動之加速度分析圖，其中各向量之關係則示於圖 6–11(b)。

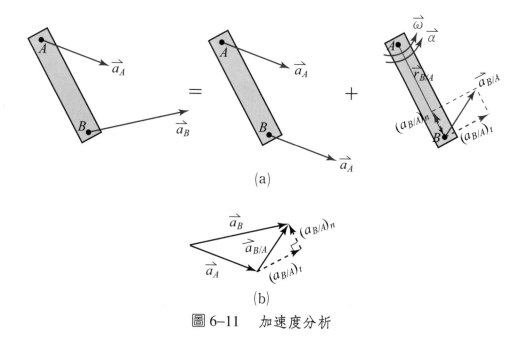

(a)

(b)

圖 6–11　加速度分析

🌀 6-6　運動分析之應用

　　剛體之平面運動分析包括速度及加速度分析已於前節 §6–5 中就理論部份作了詳盡的說明，而在實際的應用上仍有一些細節將在本節中加以討論。

　　首先對於平面運動分析而言，由於平面之向量方程式可分解為 x 及 y 方向之兩個純量方程式，所以對任何一個剛體而言，不論是求速度或加速度，最多只能解出兩個未知數。例如剛體上任兩點 A 及 B，由 $\vec{v}_A = \vec{v}_B + \vec{v}_{B/A}$，因每項有大小及方向兩個量，故上式中三個項共有六個量，而其中必須設法找出四個量方能解出其他兩個未知數，所以若剛體之角速度 ω 為已知，由 $\vec{v}_{B/A}$ 方向必垂直 $\vec{r}_{B/A}$ 之方向或等於 $\vec{\omega} \times \vec{r}_{B/A}$，在已知 A 及 B 之速度方向的情況下，則可求出 A 及 B 之速度大小，同理若已知 B 的速度大小及方向，則可求出 A 的速度大小及方向。加速度的情況亦同。

　　對於已知的向量應儘可能置於等號的右側，所以若剛體上 A 及 B 兩點中 A 的速度為已知，則應使用 $\vec{v}_B = \vec{v}_A + \vec{v}_{B/A}$，反之若 B 之速度為已知，則應使用 $\vec{v}_A = \vec{v}_B + \vec{v}_{A/B}$。加速度的情況亦同。

　　若剛體之角速度 $\vec{\omega}$ 或角加速度 $\vec{\alpha}$ 為所求，則應以 $\omega\vec{k}$ 或 $\alpha\vec{k}$ 來假設並進行運算，若計算之結果為正值，則為逆時針方向；否則為順時針方向。

　　對於兩互相接觸但無相對滑動之剛體，其共同點之速度應為一致，如圖 6–12(a)所示之齒輪 1 與齒條 2 之共同點 A 的速度因兩剛體間無相對滑動，故 A 之速度在齒輪 1 及齒條 2 上的速度是相同的；同樣的在圖 6–12(b)中兩根桿 1 及 2 之接頭點 A，因該接頭型式不容許兩根桿之間任何相互移動的發生，故

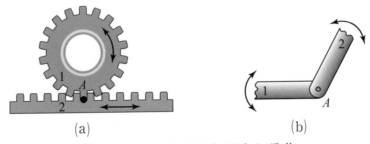

(a)　　　　　　　　　　　　(b)

圖 6–12　相鄰剛體共同點之運動

A 之速度在桿 1 及桿 2 上亦是一致的，而圖 6–12(b)之情況亦適用於加速度之一致，換句話說，桿 1 的 A 點之加速度與桿 2 的 A 點之加速度也是相同。利用這種兩相鄰剛體共同點之速度及加速度一致的特性，可以將平面剛體的運動分析擴展至相鄰剛體上，例如圖 6–13(a)中的平面四連桿機構中，桿 2 之角速度 $\vec{\omega}_2$ 使該桿端點 A 之速度 $\vec{v}_A$ 為已知，則對桿 3 而言，已知端點 B 之速度 $\vec{v}_B$ 之方向（由桿 4 之位置可知當其轉動時 B 之速度方向為水平）如圖 6–13(b) 所示，故未知數為角速度 ω_3 及 B 點之速度大小 v_B。依前述之平面運動分析之方程式與未知數個數的關係可解得 ω_3 及 v_B，而依圖 6–13(c)及解得之 $\vec{v}_B$ 可決定桿 4 之角速度 $\vec{\omega}_4$。

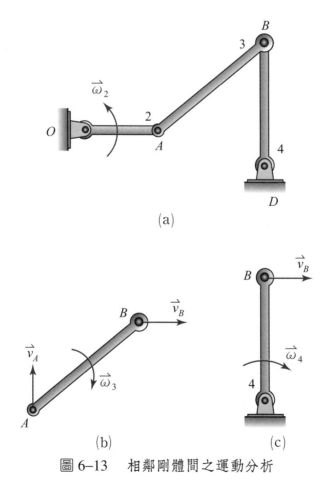

(a)

(b)　　　　　　　　(c)

圖 6–13　相鄰剛體間之運動分析

　　圖 6-12(a)的齒輪與齒條間的共同點 A 在分析其加速度時的情況就與上述之情況完全不同了，共同點運動特性的一致性僅限於速度，齒條的 A 點與齒輪的 A 點具有不同的加速度。更進一步的分析可以得知，齒輪的 A 點其加速度為切線與法線兩個分量的合成，其中切線分量是與齒條上 A 點的加速度相同如圖 6-14 所示，而法線方向的分量則必須由齒輪的轉速及半徑來決定。

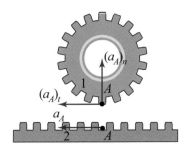

圖 6-14　　相鄰剛體共同點具不同加速度之情況（參考圖 6-12(a)）

例 題 6-1

如圖 6-15 所示，其中齒輪 1 不轉動，AB 桿以順時針 60 rpm 之定角速度旋轉，試求：

(a)齒輪 2 之轉速？

(b)齒輪 2 上與齒輪 1 嚙合之點 C 之加速度為何？

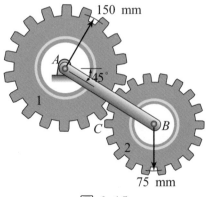

圖 6-15

解 (a)　$\vec{\omega}_{AB} = 60 \text{ rpm} \circlearrowright = -6.283\vec{k} \text{ rad/s}$

由 AB 桿 B 之速度為

$$\vec{v}_B = \vec{\omega}_{AB} \times \vec{r}_{B/A} = 6.283 \times 0.225 \diagup 45° = 1.414 \text{ m/s} \diagup 45°$$

由齒輪 2 與齒輪 1 嚙合之 C 點其速度為 0，故 B 之速度為

$$\vec{v}_B = \vec{\omega}_2 \times \vec{r}_{B/C} = (\omega_2\vec{k}) \times [0.075 \diagdown 45°] = 0.075\omega_B \diagup 45°$$

故　$\vec{\omega}_2 = -18.853 \text{ rad/s}$ 或 18.853 rad/s 順時針（定速）

(b)欲求齒輪 2 上與齒輪 1 嚙合之 C 點的加速度，必需先在齒輪 2 上找出一點其加速度為已知，因 AB 桿之角速度為已知，故可由 AB 桿求出 B 之加速度後，再由齒輪 2 之角速度求 C 之加速度。

$$\vec{a}_C = \vec{a}_B + \vec{a}_{C/B} = (-\omega_{AB}^2 \vec{r}_{B/A}) + (-\omega_2^2 \vec{r}_{C/B})$$
$$= [8.882 \diagdown 45°] + [26.658 \diagdown 45°] = 17.776 \diagdown 45° \text{ m/s}$$

例 題 6-2

一部汽車以時速 90 km/hr 定速向右行駛，試求其輪緣上之點 B、C、D、E（如圖 6-16 所示）之速度及加速度各為若干？

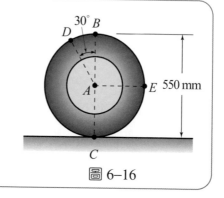

圖 6-16

解 (a)汽車之速度應為輪中心點 A 之速度，即

$$v_A = 90 \text{ km/hr} = 25 \text{ m/s}$$

欲求輪之角速度則應再找出輪上一點其速度為已知，由與地面接觸之 C 點其速度為零，故

$$\omega = \frac{v_A}{r} = \frac{25}{r} \text{ 順時針}$$

故由

$$\vec{v}_B = \vec{v}_A + \vec{v}_{B/A} = [25 \rightarrow] + [r\omega \rightarrow] = 50 \text{ m/s} \rightarrow$$

$$\vec{v}_D = \vec{v}_A + \vec{v}_{D/A} = [25 \rightarrow] + [r\omega \diagup 30°] = 48.3 \text{ m/s} \diagup 15°$$

$$\vec{v}_E = \vec{v}_A + \vec{v}_{E/A} = [25 \rightarrow] + [r\omega \downarrow] = 25\sqrt{2} \diagdown 45°$$

$$= 35.36 \text{ m/s} \diagdown 45°$$

(b)由汽車為定速行駛，故 $a_A = 0, \alpha = 0$，則由

$$\omega = \frac{25}{r} = \frac{25}{0.275} = 90.91 \text{ rad/s}$$

$$\vec{a}_B = \vec{a}_A + \vec{a}_{B/A} = 0 + [\omega^2 r \downarrow] = 90.91^2 \times 0.275 = 2272.8 \text{ m/s}^2 \downarrow$$

$$\vec{a}_C = \vec{a}_A + \vec{a}_{C/A} = 0 + [\omega^2 r \uparrow] = 2272.8 \text{ m/s}^2 \uparrow$$

$$\vec{a}_D = \vec{a}_A + \vec{a}_{D/A} = 0 + [\omega^2 r \diagup 30°] = 2272.8 \text{ m/s}^2 \diagdown 60°$$

$$\vec{a}_E = \vec{a}_A + \vec{a}_{E/A} = 0 + [\omega^2 r \leftarrow] = 2272.8 \text{ m/s}^2 \leftarrow$$

例 題 6-3

如圖 6-17 所示，半徑 100 mm 之圓柱上有一半徑 80 mm 之絞盤，若繩子於 D 點之速度為 75 mm/s 及加速度 400 mm/s²，且方向均朝左，若圓柱之運動為純滾動即無任何滑動，試求：

(a)圓柱之角速度？　(b) A 點之速度？

(c) A 點之加速度？　(d) B 點之加速度？

(e) C 點之加速度？

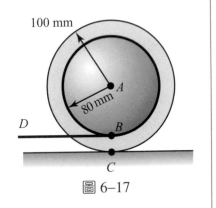

圖 6-17

解 (a) C 點與地面接觸又圓柱為純滾動，故 $v_C = 0$，由

$$\vec{v}_D = \vec{v}_B = \vec{v}_C + \vec{v}_{B/C}$$

$$[0.075 \leftarrow] = 0 + (\omega \vec{k}) \times (0.02 \vec{j})$$

故 $\omega = 3.75 \text{ rad/s}$，即圓柱之角速度為逆時針 3.75 rad/s。

(b)由　$\vec{v}_A = \vec{v}_C + \vec{v}_{A/C} = 0 + (\omega \vec{k}) \times (0.1 \vec{j}) = -0.375\vec{i} \text{ m/s}$

即 A 之速度為 $375\ \text{mm/s}$ 向左。

(c) D 點之加速度 $400\ \text{mm/s}^2$ 亦為 B 點之切線加速度，由 C 點之切線加速度為零，故

$$\vec{a}_D = (a_B)_t = \vec{\alpha} \times \vec{r}_{B/C} = (\alpha\vec{k}) \times (0.02\vec{j}) = -0.4\vec{i}\ \text{m/s}^2$$

故圓柱之角加速度 $\vec{\alpha} = 20\ \text{rad/s}^2$ 逆時針

對圓柱而言，A 點為向心加速度為零之位置，即 A 點之加速度僅有切線加速度，故

$$\vec{a}_A = (0.1\ \text{m})(20\ \text{rad/s}^2) = 2\ \text{m/s}^2 \leftarrow$$

即 A 點之加速度為 $2\ \text{m/s}^2$ 向左。

(d) 由　$\vec{a}_B = \vec{a}_A + \vec{a}_{B/A} = \vec{a}_A + (a_{B/A})_t + (a_{B/A})_n$

$$= (-2\vec{i}) + (20\vec{k}) \times (-0.08\vec{j}) + (3.75)^2(0.08\vec{j})$$

$$= -0.4\vec{i} + 1.125\vec{j}\ \text{m/s}^2 = 1.194\ \text{m/s}^2\ \angle 70.4°$$

(e) C 點僅有向心加速度，即

$$\vec{a}_C = 3.75^2 \times 0.1 = 1.406\ \text{m/s}^2 \uparrow$$

或由

$$\vec{a}_C = \vec{a}_A + \vec{a}_{C/A} = \vec{a}_A + (a_{C/A})_t + (a_{C/A})_n$$

$$= (-2\vec{i}) + (20\vec{k}) \times (-0.1\vec{j}) + (3.75)^2(0.1\vec{j})$$

$$= 1.406\vec{j}\ \text{m/s}^2$$

各點之加速度向量可參考圖 6–18 所示。

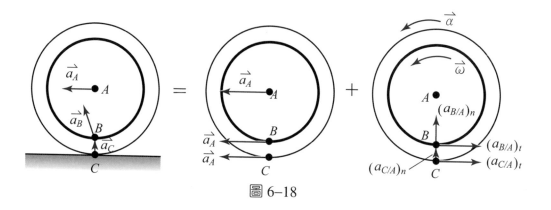

圖 6–18

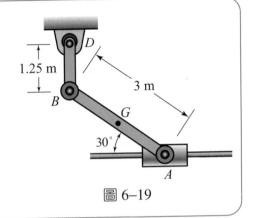

例 題 6-4

已知如圖 6-19 中之機構其中滑塊之
速度為向右 2 m/s 且為定速，試求：

(a) AB 桿之角速度？

(b) AB 桿之角加速度？

(c) AB 桿中點 G 之加速度？

圖 6-19

解 (a)設 AB、BD 桿角速度分別為 ω_{AB}, ω_{BD}，則

$$\vec{v}_A = \vec{v}_B + \vec{v}_{A/B} = \vec{v}_B + \vec{\omega}_{AB} \times \vec{r}_{A/B}$$

即　$2\vec{i} = (\omega_{BD}\vec{k}) \times (-1.25\vec{j}) + (\omega_{AB}\vec{k}) \times (3\cos30°\vec{i} - 3\sin30°\vec{j})$

上式分解為

$\vec{i}$:　$2 = 1.25\omega_{BD} + 3\sin30°\omega_{AB}$

$\vec{j}$:　$0 = 3\cos30°\omega_{AB}$

故 AB 桿角速度 $\omega_{AB} = 0$，即在圖示之位置 AB 桿為平移。BD 桿之

角速度 $\vec{\omega}_{BD} = 1.6$ rad/s 逆時針。

(b)假設 AB、BD 桿之角加速度分別為 α_{AB}、α_{BD}，由

$$\vec{a}_A = \vec{a}_B + \vec{a}_{A/B} = \vec{a}_B + (a_{A/B})_t + (a_{A/B})_n$$

$$= (a_{B/D})_t + (a_{B/D})_n + (a_{A/B})_t$$

$$= \omega_{BD}^2(1.25\vec{j}) + (\alpha_{BD}\vec{k}) \times (-1.25\vec{j})$$

$$+ (\alpha_{AB}\vec{k})(3\cos30°\vec{i} - 3\sin30°\vec{j})$$

上式分解得

$\vec{i}$:　$0 = 1.25\alpha_{BD} + 3\sin30°\alpha_{AB}$

$\vec{j}$:　$0 = 1.25\omega_{BD}^2 + 3\cos30°\alpha_{AB}$

故　$\alpha_{AB} = -\dfrac{1.25\omega_{BD}^2}{3\cos30°} = -\dfrac{1.25\times1.6^2}{2.598}$

$\qquad = -1.232 \text{ rad/s}^2$

即　$\vec{\alpha}_{AB} = 1.232 \text{ rad/s}^2$ 順時針

(c)由　$\vec{a}_G = \vec{a}_A + \vec{a}_{G/A} = 0 + (a_{G/A})_t + (a_{G/A})_n = \vec{\alpha}_{AB}\times\vec{r}_{G/A}$

$\qquad = (1.232\vec{k})\times(-1.5\cos30°\vec{i}+1.5\sin30°\vec{j})$

$\qquad = -0.924\vec{i} - 1.6\vec{j} \text{ m/s}^2$

$\qquad = 1.848 \text{ m/s}^2 \diagup 60°$

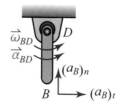

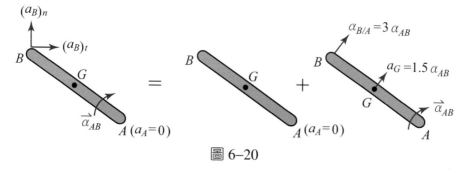

圖 6-20

例 題 6-5

已知桿 AB 之兩端如圖 6-21 所示分別沿水平面及傾斜面移動，

(a)試以 v_B, θ, ℓ 及 β 推導出桿 AB 角速度 ω 之關係式。

(b)續(a)，若 B 之速度為定值，試推導出 AB 桿角加速度 α 之關係式。

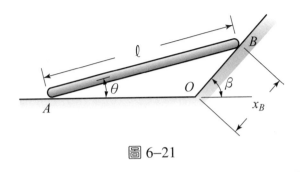

圖 6-21

解 (a)由正弦定律 $\dfrac{x_B}{\sin\theta}=\dfrac{\ell}{\sin\beta}$，故 $x_B=\dfrac{\ell}{\sin\beta}\sin\theta$，其中 ℓ 及 β 為定值。

將 x_B 對時間微分後可得

$$v_B=\frac{dx_B}{dt}=\frac{\ell}{\sin\beta}\cos\theta\frac{d\theta}{dt}=\frac{\ell}{\sin\beta}\cos\theta\omega$$

故 AB 桿之角速度 $\omega=\dfrac{\omega_B\sin\beta}{\ell}\dfrac{1}{\cos\theta}$

(b)將(a)之 ω 再對時間微分可得下式，其中 $\dfrac{dv_B}{dt}=0$，

$$\alpha=\frac{d\omega}{dt}=\frac{v_B\sin\beta}{\ell}\frac{\sin\theta}{\cos^2\theta}\frac{d\theta}{dt}=\frac{v_B\sin\beta}{\ell}\frac{\sin\theta}{\cos^2\theta}\frac{v_B\sin\beta}{\ell\cos\theta}$$

$$=(\frac{v_B\sin\beta}{\ell})^2\frac{\sin\theta}{\cos^3\theta}$$

習 題

1. 如圖 6-22 所示之雙重齒輪，其中心點 A 之速度為 1.2 m/s 向右，加速度為 3 m/s² 向右，已知下齒條為固定不動，試求：

(a)齒輪之角速度 $\vec{\omega}$ 及角加速度 $\vec{\alpha}$？

(b)上齒條 R 之速度 $\vec{v}_R$ 及加速度 $\vec{a}_R$？

(c)齒輪上 C 點之加速度？

(d)齒輪上 D 點之速度及加速度？

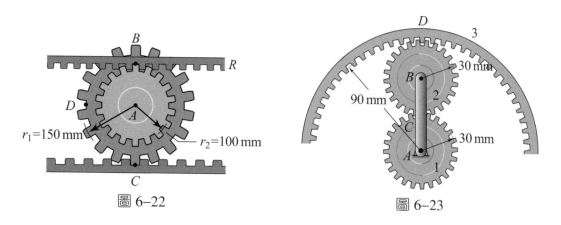

圖 6-22　　　　　　　　　　　圖 6-23

2. 如圖 6-23 所示之行星齒輪系，已知齒輪 1 轉速為順時針 240 rpm，齒輪 3

（內齒輪）之轉速為順時針 180 rpm，且各齒輪均為定速旋轉，試求：

(a)齒輪 2 之轉速？

(b) AB 桿之轉速？

(c)齒輪 2 上與齒輪 1 嚙合之 C 點的加速度？

(d)齒輪 2 上與齒輪 3 嚙合之 D 點的加速度？

3. 如圖 6-24 所示之行星齒輪系，已知齒輪 1 不轉動且桿 ABC 之角速度為 80

rpm 順時針，試求：

(a)齒輪 2 之轉速？

(b)齒輪 3 之轉速？

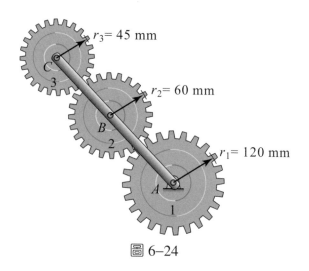

圖 6-24

4.已知如圖 6–25 所示之桿 *ABD* 其中端點 *A* 之速度為 10 m/s 向下且為定
速，試求：

(a)桿之角速度 $\vec{\omega}$？　(b)桿之角加速度 $\vec{\alpha}$？

(c) *D* 點之速度？　(d) *D* 點之加速度？

5.如圖 6–26 所示之機構，已知圓盤之角速度為順時針 6 rad/s 且為定速，試
求在圖示之位置時，

(a) *BC* 桿之角加速度？　(b) *C* 之加速度？

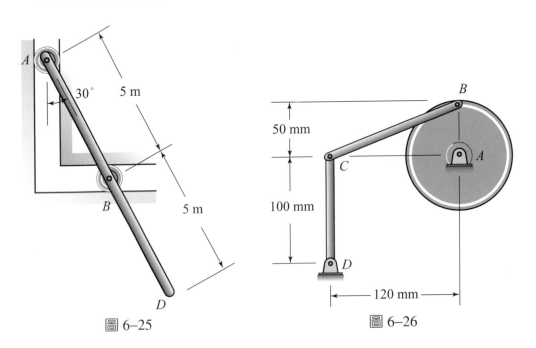

圖 6–25　　　　　　　　　　　　　　　圖 6–26

6.如圖 6–27 之機構已知 *A* 之速度為 300 mm/s 向下且為定速，試求在圖示之
位置時：

(a) *AB* 桿之角加速度？　(b) *AB* 桿中點 *G* 之加速度？

7.如圖 6–28 所示之機構，其中圓盤之角速度為 ω，角加速度為 α，均為順時
針，試以例題 6–5 的方法求：

(a) *A* 點之速度？　(b) *A* 點之加速度？

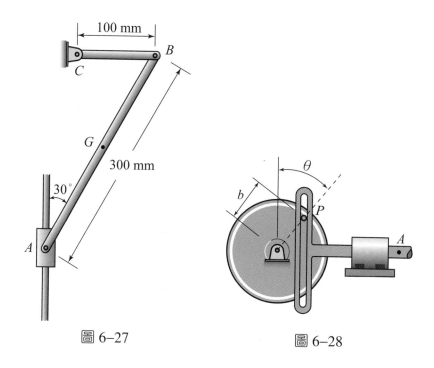

圖 6–27　　　　　　　　圖 6–28

8. 已知圖 6–29 中之桿 AB 的角速度為 ω，角加速度為 α，均為逆時針，試以例題 6–5 的方法求：

(a) C 點之速度？　(b) C 點之加速度？

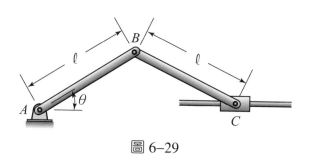

圖 6–29

9. 一圓柱體依圖 6–30 所示隨著纜繩自其中央輪轂解開後向下運動，若此圓柱中心點 O 之速度及加速度分別為 0.6 m/s 及 2.4 m/s² 向下，試求圓柱體上　(a) D 點　(b) B 點　(c) C 點之加速度？

10. 如圖 6–31 所示，已知滑塊 A 之速度及加速度分別為 8 m/s 及 3 m/s²，且均為向下。試求：

(a) AB 桿之角速度？　(b) AB 桿之角加速度？　(c) B 點之加速度？

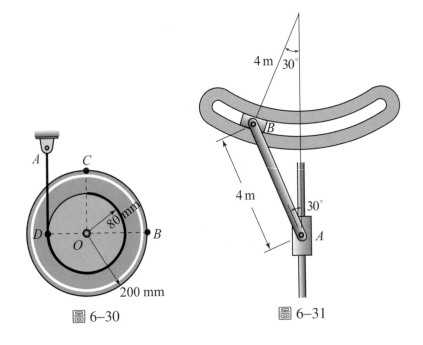

圖 6–30　　　　　圖 6–31

🔹 6–7　旋轉座標系之速度分析

在此之前的運動分析，不論是對質點或者是對剛體，所採取的參考座標均是固定的參考座標或者是與固定座標軸方向對應平行的平移座標系，基本上這兩種參考座標對速度或加速度分析而言是沒有差別的。而雖然大部份的問題都可以利用此類參考座標系統來描述，但是在某些特定的情況，利用隨剛體一起運動的旋轉座標系更能清楚而有效地定義出所需的運動參數。

圖 6–32 所示為一制動器，其中 OXY 為固定參考座標，而 Oxy 為與制動器一起運動之旋轉座標系，其角速度與制動器相同均為 $\vec{\Omega}$，若 $\vec{i}, \vec{j}$ 為旋轉座標系 Oxy 之 x 及 y 軸之單位向量，則制動器端點 P 之位置向量 $\vec{r}$ 為

$$\vec{r} = x\vec{i} + y\vec{j} \tag{6–20}$$

而對於 P 點之速度可以分別對固定座標 OXY 及旋轉座標 Oxy 來加以討論，首先相對於旋轉座標而言，P 點之速度 $(\dot{\vec{r}})_{Oxy}$ 為 (6–20) 式對時間之微分，即

$$(\dot{\vec{r}})_{Oxy} = \dot{x}\vec{i} + \dot{y}\vec{j} \tag{6–21}$$

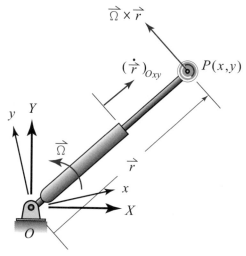

圖 6–32　　旋轉座標系之速度分析

而相對於固定座標 OXY 之速度 $(\dot{\vec{r}})_{OXY}$ 為

$$(\dot{\vec{r}})_{OXY} = \dot{x}\vec{i} + \dot{y}\vec{j} + x\dot{\vec{i}} + y\dot{\vec{j}} \tag{6--22}$$

在此應注意 (6–21) 式及 (6–22) 式的不同，雖然兩式同樣均由 (6–20) 式微分而得到，但是 (6–21) 式中單位向量 $\vec{i}$ 及 $\vec{j}$ 在旋轉座標 Oxy 中之方向為固定，故對時間之微分為零；反之 $\vec{i}$ 及 $\vec{j}$ 在固定座標 OXY 中係依角速度 $\vec{\Omega}$ 轉動，故在 (6–22) 式中 $\vec{i}$ 及 $\vec{j}$ 對時間之微分依運動學之定義

$$\dot{\vec{i}} = \frac{d\vec{i}}{dt} = \vec{\Omega} \times \vec{i} \qquad \dot{\vec{j}} = \frac{d\vec{j}}{dt} = \vec{\Omega} \times \vec{j} \tag{6--23}$$

因此可得到因座標軸旋轉所產生之速度為

$$\vec{\Omega} \times \vec{r} = x\dot{\vec{i}} + y\dot{\vec{j}} \tag{6--24}$$

若將 (6–21) 式及 (6–24) 式代入 (6–22) 式中則可得下式：

$$\boxed{(\dot{\vec{r}})_{OXY} = (\dot{\vec{r}})_{Oxy} + \vec{\Omega} \times \vec{r}} \tag{6--25}$$

上式中的各項說明如下：

$(\dot{\vec{r}})_{OXY}$——剛體上之點相對於固定參考座標 OXY 之絕對速度。

$(\dot{\vec{r}})_{Oxy}$——剛體上之點相對於旋轉參考座標 Oxy 之速度。可視為觀察者隨剛體一起運動時所觀測到之 $\vec{r}$ 的時變率。

$\vec{\Omega}$——剛體旋轉之角速度。

$\vec{r}$——剛體上之點的位置向量，此位置向量應以相對於 Oxy 之參考座標來表示。

如以圖 6–32 來說明，則制動器端點 P 的速度應包括兩個部份，一為 P 相對於 Oxy 座標之速度 $(\dot{\vec{r}})_{Oxy}$，如前述以觀察者隨此制動器一起運動，則此觀察者所觀測到的 $(\dot{\vec{r}})_{Oxy}$ 應該沿 OP 之方向；另一部份之速度為因座標軸旋轉所產生之速度 $\vec{\Omega} \times \vec{r}$，其方向依右手定則判定應為垂直於 OP 之方向。

若以相對運動的角度來思考圖 6–32 所示的剛體運動分析，則可由圖 6–33 來表達與圖 6–32 相同的剛體運動，其中 P 代表沿溝槽運動之銷的位置，而 P' 為在圖示之瞬間與 P 重合之桿上的點，則 (6–25) 式中 $(\dot{\vec{r}})_{OXY}$ 為 P 點之速度 $\vec{v}_P$，而 $\vec{\Omega} \times \vec{r}$ 為桿上之點 P' 的速度 $\vec{v}_{P'}$，其方向為垂直於 $\vec{r}$ 即 OP（或 OP'）之方向，而 $(\dot{\vec{r}})_{Oxy}$ 依圖 6–33 所示則為 P 與 P' 之間的相對速度 $\vec{v}_{P/P'}$，其方向為沿溝槽之方向。而由以上之說明則 (6–25) 式可以表示成為

$$\vec{v}_P = \vec{v}_{P'} + \vec{v}_{P/P'} \tag{6-26}$$

不論是以 (6–25) 式或 (6–26) 式來表示旋轉座標系之速度關係，其最關鍵之問題仍在如何區別何種情況才是旋轉座標系之應用時機？而由圖 6–33 中可以發現若 P 與 P' 間沒有相對速度，或剛體本身不旋轉，則前者為一般之旋轉運動，而後者為一般之平移運動，均可以由固定參考座標來描述即可。所以旋轉座標系之應用時機為描述旋轉中的剛體其上之點因滑動而產生之相對運動，由圖 6–32 及圖 6–33 中均可看出此相對運動旋轉的共通性，而此特性在下一節中的旋轉座標系加速度分析中更將產生一特有之加速度分量，即柯氏加速度。

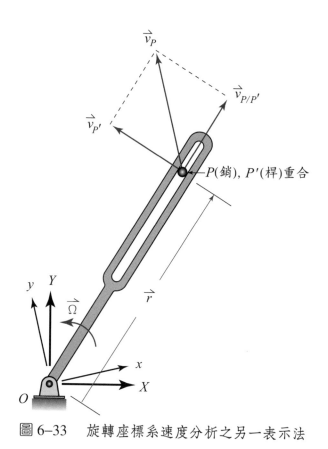

圖 6-33　旋轉座標系速度分析之另一表示法

🔵 6-8　旋轉座標系之加速度分析 ——柯氏加速度

若進一步將 (6-25) 式再對時間微分，則可得到剛體上之點 P 的加速度 $(\ddot{\vec{r}})_{OXY}$ 如下：

$$(\ddot{\vec{r}})_{OXY} = \frac{d}{dt}[(\dot{\vec{r}})_{Oxy}] + \dot{\vec{\Omega}} \times \vec{r} + \vec{\Omega} \times \dot{\vec{r}} \tag{6-27}$$

(6-27) 式中等號右側第一項對時間之微分由圖 6-34(a)中發現可以分解為大小對時間之微分 $(\ddot{\vec{r}})_{Oxy}$ 及方向對時間之微分 $\vec{\Omega} \times (\dot{\vec{r}})_{Oxy}$ 兩部份之和，即

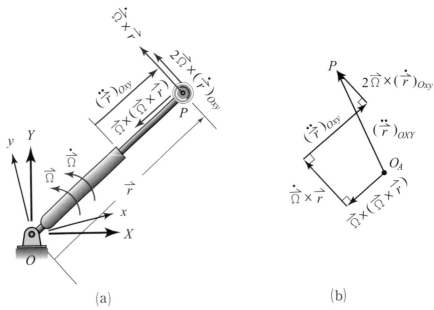

圖 6-34　旋轉座標系之加速度分析

$$\frac{d}{dt}[(\dot{\vec{r}})_{Oxy}] = (\ddot{\vec{r}})_{Oxy} + \vec{\Omega} \times (\dot{\vec{r}})_{Oxy} \tag{6-28}$$

而 (6-27) 式中等號右側第三項中的 $\dot{\vec{r}}$ 以 (6-25) 式代入即可，則該項 $\vec{\Omega} \times \dot{\vec{r}}$ 將成為

$$\vec{\Omega} \times \dot{\vec{r}} = \vec{\Omega} \times [(\dot{\vec{r}})_{Oxy} + \vec{\Omega} \times \vec{r}]$$

$$= \vec{\Omega} \times (\dot{\vec{r}})_{Oxy} + \vec{\Omega} \times (\vec{\Omega} \times \vec{r}) \tag{6-29}$$

將 (6-28) 式及 (6-29) 式代入 (6-27) 式中合併整理後可得，

$$(\ddot{\vec{r}})_{OXY} = \dot{\vec{\Omega}} \times \vec{r} + \vec{\Omega} \times (\vec{\Omega} \times \vec{r}) + 2\vec{\Omega} \times (\dot{\vec{r}})_{Oxy} + (\ddot{\vec{r}})_{Oxy} \tag{6-30}$$

上式中各項可參考圖 6-34(b)進一步說明如下：

$\dot{\vec{\Omega}} \times \vec{r}$——切線加速度，其方向與 $\vec{r}$ 互相垂直，其中 $\dot{\vec{\Omega}}$ 為剛體之角加速度。

$\vec{\Omega} \times (\vec{\Omega} \times \vec{r})$——向心加速度，其方向必定朝向原點 O。

$2\vec{\Omega}\times(\dot{\vec{r}})_{Oxy}$——柯氏加速度 (Coriolis acceleration)，其方向為 $(\dot{\vec{r}})_{Oxy}$ 之方向沿 $\vec{\Omega}$ 的方向轉 90 度，亦可依右手定則加以判定。

$(\ddot{\vec{r}})_{Oxy}$——剛體上之點相對於旋轉座標系 Oxy 之加速度，其方向之判定與 $(\dot{\vec{r}})_{Oxy}$ 相同，均為沿 P 點相對於 Oxy 之滑動方向。

(6–30) 式中的柯氏加速度係以法國數學家 de Coriolis (1792–1843) 來命名，柯氏加速度的觀念在長程火箭或是受到地球自轉運動所影響的剛體運動分析中扮演十分重要的角色，由 §3–3 節中可知固定於地球上的座標系統並非真正的牛頓參考座標系，而地球本身的運動即是造成此種「固定」座標系之座標軸旋轉的原因，所以一般所謂的固定於地球上的「固定」座標系實際上應為旋轉座標，而 §6–7 節及本節 §6–8 即是討論受到座標系統旋轉所影響的剛體運動分析。

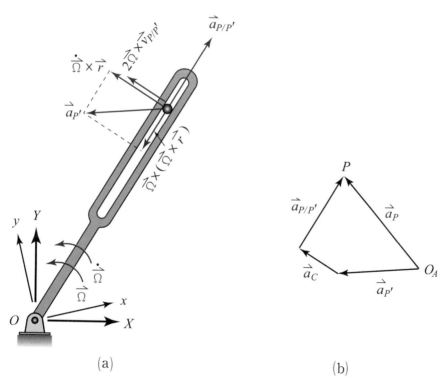

(a)

(b)

圖 6–35　旋轉座標系加速度分析之另一表示法

若以類似圖 6–33 之相對運動的概念來分析旋轉座標系之加速度則如圖 6–35(a)所示，其中 (6–30) 式中的切線加速度 $\dot{\vec{\Omega}} \times \vec{r}$ 及向心加速度 $\vec{\Omega} \times (\vec{\Omega} \times \vec{r})$ 之向量和即是桿上與銷 P 重合之 P' 點的加速度 $\vec{a}_{P'}$，而 P 與 P' 之間的相對加速度即是 (6–30) 式中的 $(\ddot{\vec{r}})_{Oxy}$ 為沿溝槽之方向。而柯氏加速度 $\vec{a}_C$ 為 $2\vec{\Omega} \times \vec{v}_{P/P'}$，其方向依向量外積之定義可知為 $\vec{v}_{P/P'}$ 之方向沿 $\vec{\Omega}$ 之方向轉動 90 度後之方向，而由以上之對照說明則可將 (6–30) 式改寫成如下：

$$\vec{a}_P = \vec{a}_{P'} + \vec{a}_{P/P'} + \vec{a}_C \tag{6–31}$$

上式中的各項其彼此間的向量關係可參考如圖 6–35(b)所示。

由 (6–25) 式、(6–30) 式或由 (6–26) 式、(6–31) 式均可用以對旋轉座標系中的剛體進行速度及加速度的分析，而在剛體的平面運動中應掌握前述之兩組方程式中的每一個方程式最多僅能解出兩個未知數，而且分析的過程必定是先速度分析而後加速度分析。一般而言，速度分析中 $(\dot{\vec{r}})_{Oxy}$ 或 $\vec{v}_{P/P'}$ 之方向可假設為已知，僅需決定其大小，而同樣的在加速度分析中 $(\ddot{\vec{r}})_{Oxy}$ 或 $\vec{a}_{P/P'}$ 之方向亦為已知，僅大小為未知，而柯氏加速度必定為已知，以下之說明例中可進一步加以驗證。

例 題 6-6

如圖 6–36 所示為著名的日內瓦機構 (Geneva mechanism)，利用輪 D 上之銷 P 的帶動，使輪 S 於轉動過程中產生停頓之間歇裝置，已知 D 之轉速為等速之逆時針方向 10 rad/s，試求當角度 ϕ 為 150 度時輪 S 之角速度及角加速度各為何？

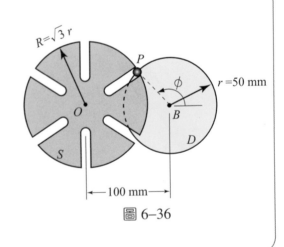

圖 6–36

解 由圖 6-37(a)及餘弦定理可求出

$$d = \overline{OP} = 61.966 \text{ mm}$$

$$\beta = \sin^{-1}(\frac{50\sin 30°}{61.966}) = 23.79°$$

(a)速度分析：

由　$\vec{v}_P = 50 \times 10 = 500 \text{ mm/s}$ ⟋30°

　　$\vec{v}_{P/P'} = v_{P/P'}$ ⟍23.79°

　　$\vec{v}_{P'} = 61.966\omega_S$ ⟍23.79°

依 (6-26) 式 $\vec{v}_P = \vec{v}_{P'} + \vec{v}_{P/P'}$，其向量圖如圖 6-37(b)所示，其中 $\vec{v}_P$ 為已知，而 $\vec{v}_{P'}$（垂直 $\overline{OP}$）及 $\vec{v}_{P/P'}$（沿溝槽）均為方向已知但大小為未知的向量（以虛線表示），則

$$\vec{v}_{P/P'} = 500\sin(30° + 23.79°) = 403.4 \text{ mm/s}\ ⟋23.79°$$

$$\vec{v}_{P'} = 500\cos(30° + 23.79°) = 295.4 \text{ mm/s}\ ⟍23.79°$$

故輪 S 之角速度 ω_S 為

$$\omega_S = \frac{v_{P'}}{r} = \frac{295.4}{61.966} = 4.767 \text{ rad/s}$$

即角速度 $\vec{\omega}_S = 4.767 \text{ rad/s}$ 順時針

(b)加速度分析：

由輪 D 之轉速固定，故 P 之加速度 $\vec{a}_P$ 為已知為

$$\vec{a}_P = 50 \times 10^2 = 5000 \text{ mm/s}^2\ ⟍30°$$

輪 S 上與輪 D 重合之 P′ 其加速度可分為切線 $(a_{P'})_t$ 及向心 $(a_{P'})_n$ 如下：（假設輪 S 角加速度 $\vec{\alpha}_S$ 之方向為逆時針）

$$(a_{P'})_t = 61.966\alpha_S\ ⟍23.79°$$

$$(a_{P'})_n = 61.966 \times 4.767^2 = 1408 \text{ mm/s}^2\ ⟋23.79°$$

柯氏加速度 $\vec{a}_C = 2\vec{\omega}_S \times \vec{v}_{P/P'}$ 即

$$\vec{a}_C = 2 \times 4.767 \times 403.4 = 3846\ ⟍23.79°$$

此處之柯氏加速度 $\vec{a}_C$ 係利用輪 S 之角速度而非輪 D 之角速度，因為 $\vec{v}_{P/P'}$ 係發生於輪 S 上，計算時宜特別注意！

相對加速度 $\vec{a}_{P/P'}$ 為

$$\vec{a}_{P/P'} = a_{P/P'} \angle 23.79°$$

由

$$\vec{a}_P = \vec{a}_{P'} + \vec{a}_{P/P'} + \vec{a}_C = (a_{P'})_n + (a_{P'})_t + \vec{a}_{P/P'} + \vec{a}_C$$

可得

$$[5000 \diagdown 30°] = [1408 \diagdown 23.79°] + [61.966\alpha_S \diagdown 23.79°]$$
$$+ [a_{P/P'} \angle 23.79°] + [3846 \diagdown 23.79°]$$

上式之向量關係圖可參考圖 6–37(c)所示，其中未知大小的向量以虛線表示，則由圖中可發現，$(a_{P'})_t$ 與假設方向相反，且其大小為

$$61.966\alpha_S = 3846 + 5000\cos36.21°$$

即 $\alpha_S = 127.17\ \text{rad/s}^2$，故角加速度 $\vec{\alpha}_S = 127.17\ \text{rad/s}^2$ 順時針

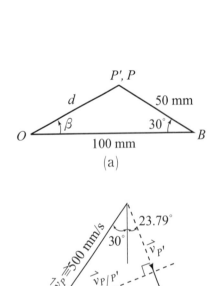

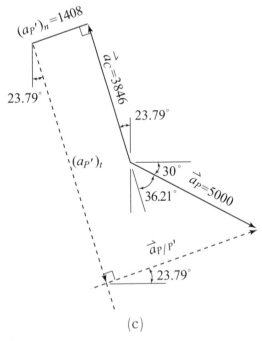

圖 6–37

在例題 6–6 中仍需依賴向量圖之輔助方能正確解出未知數之大小及方向，若以直角座標分量表示各個向量並直接代入 (6–26) 式及 (6–31) 式中亦可直接求解，請參考以下例題 6–7 之求解過程。

例 題 6–7

如圖 6–38 所示之倒置滑塊連桿機構，其中桿 AP 以等速之順時針方向 6 rad/s 之角速度運動，試求：

(a) BE 桿之角速度？

(b) BE 桿之角加速度？

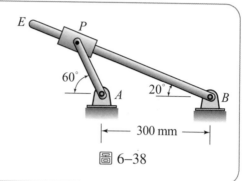

圖 6–38

解 由正弦定律

$$\frac{\overline{AP}}{\sin 20°} = \frac{\overline{BP}}{\sin 120°} = \frac{300}{\sin 40°}$$

則　$\overline{AP} = 159.63$ mm, $\overline{BP} = 404.19$ mm

(a) 速度分析：

由　$\vec{v}_P = \vec{v}_{P'} + \vec{v}_{P/P'}$

則依圖 6–39 所示之參考座標之定義，上式可表示成

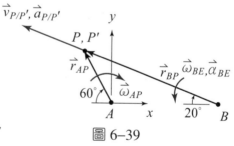

圖 6–39

$$\vec{\omega}_{AP} \times \vec{r}_{AP} = \vec{\omega}_{BE} \times \vec{r}_{BP} + \vec{v}_{P/P'}$$

即　$(-6\vec{k}) \times (-159.63\cos 60°\vec{i} + 159.63\sin 60°\vec{j})$

$= (\omega_{BE}\vec{k}) \times (-404.19\cos 20°\vec{i} + 404.19\sin 20°\vec{j})$

$+ (-v_{P/P'}\cos 20°\vec{i} + v_{P/P'}\sin 20°\vec{j})$

上式中係假設 $\vec{\omega}_{BE}$ 方向為逆時針且 $\vec{v}_{P/P'}$ 為沿桿 BE 之方向。將上式依水平及垂直方向加以分解合併後可得

$\vec{i}$:　$829.46 = -138.24\omega_{BE} - 0.940v_{P/P'}$

$\vec{j}$:　$478.89 = -379.81\omega_{BE} + 0.342v_{P/P'}$

上兩式聯立後解得

$$\omega_{BE} = -1.815, \quad v_{P/P'} = -615.48$$

故由假設可知

$$\vec{\omega}_{BE} = 1.815 \text{ rad/s 順時針}, \quad \vec{v}_{P/P'} = 615.48 \text{ mm/s} \quad \searrow 20°$$

(b)加速度分析：

由 $\vec{a}_P = \vec{a}_{P'} + \vec{a}_C + \vec{a}_{P/P'}$ 可得

$$(a_P)_n + (a_P)_t = (a_{P'})_n + (a_{P'})_t + \vec{a}_C + \vec{a}_{P/P'}$$

依圖 6-39 之參考座標，上式可表示成為

$$-\omega_{AP}^2 \vec{r}_{AP} + 0 = -\omega_{BE}^2 \vec{r}_{BP} + \vec{\alpha}_{BE} \times \vec{r}_{BP} + 2\vec{\omega}_{BE} \times \vec{v}_{P/P'} + \vec{a}_{P/P'}$$

即 $\quad -36(-159.63\cos60°\vec{i} + 159.63\sin60°\vec{j})$

$$= -(1.815)^2(-404.19\cos20°\vec{i} + 404.19\sin20°\vec{j})$$

$$+ (\alpha_{BE}\vec{k}) \times (-404.19\cos20°\vec{i} + 404.19\sin20°\vec{j})$$

$$+ 2(-1.815\vec{k}) \times (615.48\cos20°\vec{i} - 615.48\sin20°\vec{j})$$

$$+ (-a_{P/P'}\cos20°\vec{i} + a_{P/P'}\sin20°\vec{j})$$

上式中仍然假設 $\vec{\alpha}_{BE}$ 方向為逆時針且 $\vec{a}_{P/P'}$ 為沿桿 BE 之方向，同時注意柯氏加速度為利用 $\vec{\omega}_{BE}$ 而非 $\vec{\omega}_{AP}$。將上式依水平及垂直方向加以分解合併後可得

$$\vec{i}: \quad 2873.34 = 1251.19 - 138.24\alpha_{BE} - 764.14 - 0.940a_{P/P'}$$

$$\vec{j}: \quad -4976.77 = -455.40 - 379.81\alpha_{BE} - 2099.45 + 0.342a_{P/P'}$$

$$\Rightarrow \begin{cases} 2386.29 = -138.24\alpha_{BE} - 0.940a_{P/P'} \\ -2421.92 = -379.81\alpha_{BE} + 0.342a_{P/P'} \end{cases}$$

上兩式聯立後解得

$$\alpha_{BE} = 3.61 \text{ rad/s}^2$$

即角加速度 $\vec{\alpha}_{BE} = 3.61 \text{ rad/s}^2$ 逆時針

例 題 6-8

一圓盤以逆時針角速度 $\vec{\omega}$ 繞其中心點
O 定速轉動如圖 6-40 所示，在此圓盤
上有四個溝槽其中各有一銷沿溝槽方
向作等速度運動，其方向如圖中所示而
大小皆為 u，試求在圖中所示位置之瞬
間，銷 P_1, P_2, P_3 及 P_4 之加速度各為何?

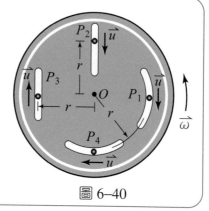

圖 6-40

解 (a) 由 $\quad \vec{a}_{P_1} = \vec{a}_{P_1'} + \vec{a}_C + \vec{a}_{P_1/P_1'}$

其中 $\vec{a}_{P_1'} = \omega^2 r \leftarrow$, $\quad \vec{a}_C = 2\vec{\omega} \times \vec{u} = 2u\omega \rightarrow$, $\quad \vec{a}_{P_1/P_1'} = \dfrac{u^2}{r} \leftarrow$

故 $\quad \vec{a}_{P_1} = (2u\omega - \omega^2 r - \dfrac{u^2}{r})\vec{i}$

(b) 由 $\quad \vec{a}_{P_2} = \vec{a}_{P_2'} + \vec{a}_C + \vec{a}_{P_2/P_2'}$

其中 $\vec{a}_{P_2'} = \omega^2 r \downarrow$, $\quad \vec{a}_C = 2\vec{\omega} \times \vec{u} = 2u\omega \rightarrow$, $\quad \vec{a}_{P_2/P_2'} = 0$

故 $\quad \vec{a}_{P_2} = 2u\omega\vec{i} - \omega^2 r\vec{j}$

(c) 由 $\quad \vec{a}_{P_3} = \vec{a}_{P_3'} + \vec{a}_C + \vec{a}_{P_3/P_3'}$

其中 $\vec{a}_{P_3'} = \omega^2 r \rightarrow$, $\quad \vec{a}_C = 2\vec{\omega} \times \vec{u} = 2u\omega \leftarrow$, $\quad \vec{a}_{P_3/P_3'} = 0$

故 $\quad \vec{a}_{P_3} = (\omega^2 r - 2u\omega)\vec{i}$

(d) 由 $\quad \vec{a}_{P_4} = \vec{a}_{P_4'} + \vec{a}_C + \vec{a}_{P_4/P_4'}$

其中 $\vec{a}_{P_4'} = \omega^2 r \uparrow$, $\quad \vec{a}_C = 2\vec{\omega} \times \vec{u} = 2u\omega \downarrow$, $\quad \vec{a}_{P_4/P_4'} = \dfrac{u^2}{r} \uparrow$

故 $\quad \vec{a}_{P_4} = (\omega^2 r + \dfrac{u^2}{r} - 2u\omega)\vec{j}$

習題

11. 如圖 6–41 所示之另一種倒置滑塊連桿機構，其中桿 AD 以等速之順時針方向 10 rad/s 之角速度運動，試求：

(a) BP 桿之角速度？

(b) BP 桿之角加速度？

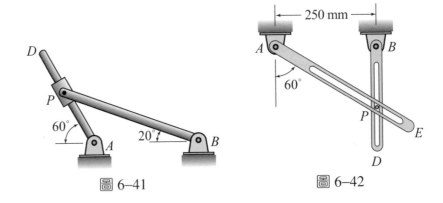

圖 6–41　　　　　　　圖 6–42

12. 如圖 6–42 之機構中銷 P 可同時在 AE 及 BD 桿之溝槽中移動，已知 AE 桿以順時針 4 rad/s，BD 桿以順時針 5 rad/s，且均為定轉速進行運動，試求 P 點在圖示位置之速度及加速度各為何？

13. 圖 6–43 之裝置繞 A 點以 ω = 6 rad/s 順時針方向作等速轉動，而在其上之溝槽中銷 P 以 u = 0.5 m/s 之定速相對於溝槽滑動，試求當通過　(a) B 點　(b) D 點　(c) E 點　時之加速度各為何？

14. 兩架飛機 A 與 B 在相同的高度飛行，其軌跡、速度及加速度之大小及方向如圖 6–44 所示，試求：

(a)在 A 上所觀測到 B 之速度及加速度各為何？

(b)在 B 上所觀測到 A 之速度及加速度各為何？

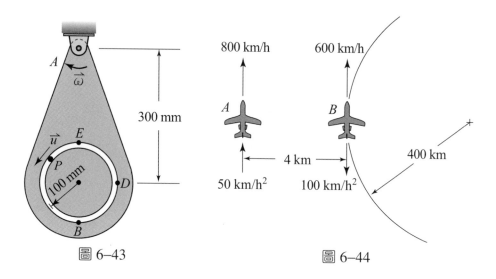

圖 6–43　　　　　　　　　圖 6–44

第七章
剛體之平面運動力學——力與加速度

🔵 7-1　剛體之牛頓第二定律

　　本章所要探討的是剛體在受力的情況下所產生的運動，與第三章中所討論的不同在於剛體具有形狀與大小，當討論剛體受力時不僅要考慮到因剛體形狀的差異所造成的影響，同時要將外力的作用點對剛體運動的影響納入考量。

　　在本章中所討論的剛體基本上可視為所謂的板塊 (slab)，即在垂直於參考座標平面 OXY 的方向上，剛體的厚度因素可以忽略不計，而作用的外力及剛體的運動均可由參考座標平面 OXY 來加以定義。在這樣的情況下，外力所產生的運動效應除了線性的移動外，尚包括對固定點的迴轉運動，而這兩種運動均可透過剛體的質心來加以描述。換句話說，剛體可視為無限多的質點所構成，而剛體的質量可以由集中於質心處的總質量所取代，因此外力對剛體的作用可以由 (5-42) 式及 (5-49) 式來定義，而本章即是利用如此的觀念來分析剛體受力下的運動狀態。

　　前面所提及的剛體繞固定點的迴轉運動，由於需使用到剛體之質量慣性矩，因此將會利用到《應用力學——靜力學》第九章中的方法來計算。同時對於質心位置的決定，以及相對於形心軸及非形心軸之間利用平行軸定理所作質量慣性矩的轉換，均是研習本章之前所應具備之基本觀念。

🟤 7-2 剛體之運動方程式

考慮一剛體受到 $\vec{F}_i$ $(i = 1, 2, \cdots, n)$ 之外力的作用，而此剛體係假設由每個質量分別為 Δm_j $(j = 1, 2, \cdots, m)$ 之質點所構成，如圖 7-1 所示，則此剛體之質心 G 相對於牛頓參考座標系 $Oxyz$ 之運動可由 (5-42) 式表示成如下：

$$\sum_{i=1}^{n} \vec{F}_i = m\bar{a} \tag{7-1}$$

上式中 $\bar{a}$ 為剛體質心 G 之加速度，而 m 為剛體之質量，即 $m = \sum_{j=1}^{m} \Delta m_j$。

若進一步考慮剛體相對於質心座標系 $Gx'y'z'$ 之運動，則由 (5-49) 式可以得知

$$\sum \vec{M}_G = \dot{\vec{H}}_G \tag{7-2}$$

上式說明了外力 $\vec{F}_i$ $(i = 1, 2, \cdots, n)$ 對剛體質心 G 之力矩總和等於剛體相對

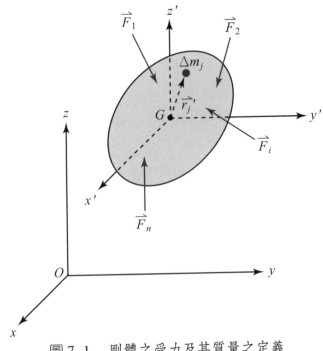

圖 7-1　剛體之受力及其質量之定義

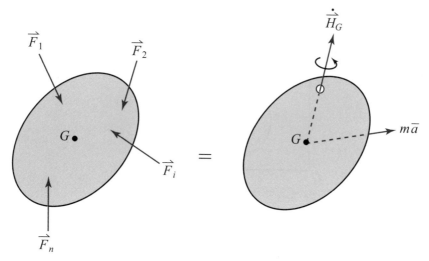

圖 7-2　剛體之受力及其相等力系

於質心 G 之角動量的時變率 $\dot{\vec{H}}_G$。

　　由 (7-1) 式及 (7-2) 式可以得知剛體在受外力作用的情況下，其相等力系係由 $m\bar{a}$ 及 $\dot{\vec{H}}_G$ 所構成。而 (7-1) 式及 (7-2) 式即是剛體運動方程式的一般型式，適用平面及三度空間受力之情況。而在以下的章節中，上述之運動方程式將針對平面力系及剛體之平面運動作進一步之探討。

🔉 7-3　剛體平面運動方程式
──d'Alembert's 原理

　　考慮一板塊如圖 7-3 所示，其中構成質點之一的 P_i $(i = 1, 2, \cdots, n)$ 質量為 Δm_i，對此板塊之質心座標系 $Gx'y'$ 的位置向量為 $\vec{r}_i'$，則此板塊相對於 $Gx'y'$ 之角動量 $\vec{H}_G$ 可視為所有構成質點之角動量的總和，即

$$\vec{H}_G = \sum_{i=1}^{n} (\vec{r}_i' \times \Delta m_i \vec{v}_i') \tag{7-3}$$

上式中 $\vec{v}_i'$ 為質點 P_i 相對於 $Gx'y'$ 之速度，與相對於 Oxy 之速度 $\vec{v}_i$ 有別，應注意加以區分。

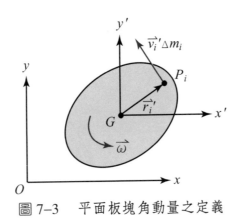

圖 7–3　平面板塊角動量之定義

　　而由圖 7–3 中可以發現，對平面板塊而言，質點 P_i 相對於 $Gx'y'$ 之速度 $\vec{v}_i' = \vec{\omega} \times \vec{r}_i'$，則 (7–3) 式可以寫成為

$$\vec{H}_G = \sum_{i=1}^{n} [\vec{r}_i' \times \Delta m_i (\vec{\omega} \times \vec{r}_i')] \tag{7–4}$$

利用右手定則可以判斷出 (7–4) 式中向量積的部份 $\vec{r}_i' \times (\vec{\omega} \times \vec{r}_i')$ 與角速度 $\vec{\omega}$ 之方向一致，均為垂直板塊之方向，故可表示成 $\vec{r}_i'^2 \vec{\omega}$，則 (7–4) 式將成為

$$\vec{H}_G = \sum_{i=1}^{n} (\Delta m_i r_i'^2) \vec{\omega} \tag{7–5}$$

依質量慣性矩的定義，可以得知板塊相對於質心座標系 $Gx'y'$ 之質量慣性矩 $\bar{I} = \sum (\Delta m_i r_i')$，則 (7–5) 式最後成為

$$\vec{H}_G = \bar{I} \, \vec{\omega} \tag{7–6}$$

將 (7–6) 式微分則可得到

$$\dot{\vec{H}}_G = \bar{I} \, \vec{\alpha} \tag{7–7}$$

其中 $\vec{\alpha}$ 為角加速度，其方向之定義與角速度 $\vec{\omega}$ 相同均為垂直於板塊之方向。

　　由 (7–2) 式及 (7–7) 式可以進一步得到外力對剛體質心 G 之力矩總和 $\sum \vec{M}_G$ 為

$$\sum \vec{M}_G = \bar{I}\,\vec{\alpha} \tag{7-8}$$

(7-1) 式與 (7-8) 式可以構成剛體平面運動之運動方程式，所適用之情況為板塊之平面運動或剛體形狀對稱於 XY 參考座標面之平面運動，特別是 (7-8) 式，並不適用於非對稱形狀之剛體或於三度空間受力下的運動。而針對此板塊或對稱剛體之平面運動則可將圖 7-2 表示成如圖 7-4 所示，此即是所謂的 d'Alembert's 原理 (d'Alembert's Principle)，原為法國數學家 Jean le Rond d'Alembert (1717-1783) 所提出，其原意為作用於剛體之所有外力與構成此剛體之所有質點之有效力 (effective forces) 是完全相等的。而利用這樣的觀念可以將圖 7-4 中等號左邊的外力 $\vec{F}_1, \vec{F}_2, \cdots, \vec{F}_n$，以等號右邊作用於質心 G 之力 $m\bar{a}$ 及偶矩 $\bar{I}\,\vec{\alpha}$ 來表示。

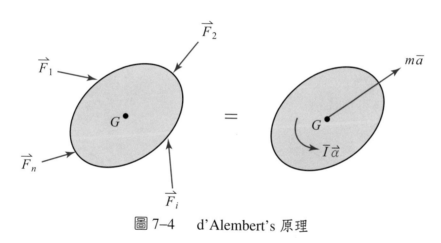

圖 7-4　　d'Alembert's 原理

如同第六章所提及的，剛體平面運動可分為平移、繞固定軸之旋轉以及同時包括平移及旋轉的一般平面運動三種，則對單純之平移運動而言，作用於剛體之外力將等於質心 G 之 $m\bar{a}$ 如圖 7-5(a)所示。而對於繞形心軸之旋轉則如圖 7-5(b)所示，外力等於質心 G 之 $\bar{I}\,\vec{\alpha}$。而對於一般平面運動則作用於剛體之外力等於質心 G 之 $m\bar{a}$ 及 $\bar{I}\,\vec{\alpha}$。

若以直角座標分量來表示板塊或對稱剛體之平面運動，則 (7-1) 式及 (7-8) 式可以整理如下：

$$\sum F_x = m\bar{a}_x$$
$$\sum F_y = m\bar{a}_y \qquad\qquad (7\text{--}9)$$
$$\sum M_G = \bar{I}\alpha$$

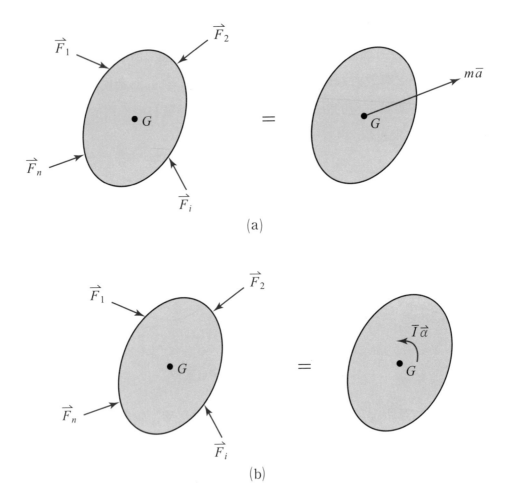

(a)

(b)

圖 7-5　剛體之(a)平移運動及(b)繞形心軸之旋轉

例　題 7-1

一條繩子繞於質量 15 kg，半徑 0.5 m 之圓盤外緣
如圖 7–6 所示，若繩子之張力 T 為 180 N，試求：

(a)圓盤中心點之加速度為何?

(b)圓盤之角加速度為何?

(c)繩之加速度為何?

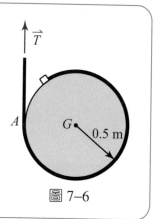

圖 7–6

解

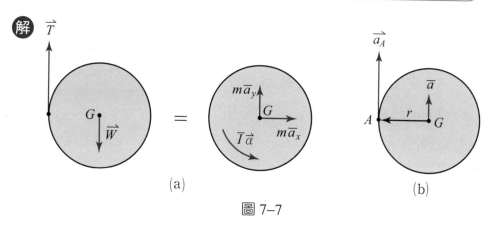

圖 7–7

(a)圓盤之自由體圖及運動力圖如圖 7–7(a)所示，則圓盤之運動方程
式由 (7–1) 式可得為

$$\sum F_x = m\bar{a}_x = 0$$

故　$\bar{a}_x = 0$

$$\sum F_y = m\bar{a}_y = T - W$$

故　$\bar{a}_y = \dfrac{T - W}{m}$

將 $T = 180$ N, $m = 15$ kg, $W = 147.1$ N 代入 $\bar{a}_y$，得

$$\bar{a}_y = 2.19 \ \text{m/s}^2 \ \uparrow$$

(b)圓盤之另一運動方程式由 (7–8) 式可知為

$$\sum M_G = \bar{I}\alpha = -Tr$$

其中質量慣性矩 $\bar{I} = \dfrac{1}{2}mr^2$，故

$$\alpha = -\dfrac{2T}{mr} = -\dfrac{2 \times 180}{15 \times 0.5} = -48 \text{ rad/s}^2 \text{ 或 } \vec{\alpha} = 48 \text{ rad/s}^2 \text{ 順時針}$$

(c)繩之加速度即為 A 之切線加速度 $(a_A)_t$，由圖 7–7 (b)可知為

$$(a_A)_t = \bar{a} + (a_{A/G})_t = (2.19\vec{j}) + (-48\vec{k}) \times (-0.5\vec{i})$$

$$= (2.19\vec{j}) + (24\vec{j}) = 26.19 \text{ m/s}^2 \uparrow$$

例 題 7–2

一質量為 m 半徑為 r 之均勻圓球，以不轉動之水平速度 $\bar{v}$ 投射於一動摩擦係數為 μ_k 之地面如圖 7–8 所示，試求：

(a)圓球開始滾動而不滑動所需之時間 t 為何？

(b)續(a)，在該 t 時刻圓球之線速度與角速度各為何？

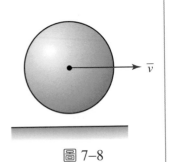

圖 7–8

解

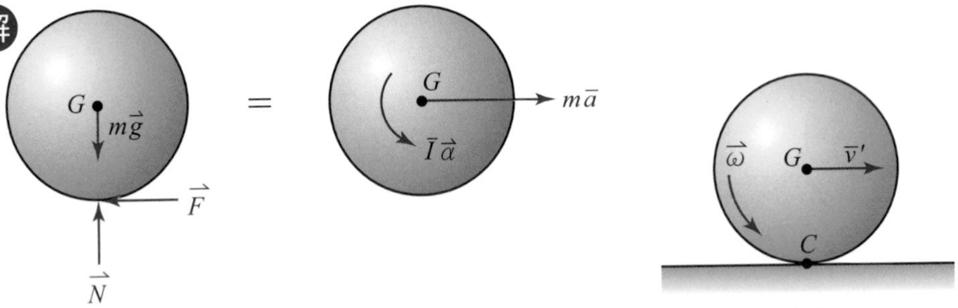

(a)

(b)

圖 7–9

依圖 7–9(a)所示，正向力 N 可由下式求得：

$$N - mg = 0$$

則摩擦力 F 為 $F = \mu_k N = \mu_k mg$，而由運動方程式

$$\sum F_x = m\bar{a} = -F$$

得　　$\bar{a} = -\mu_k g$ 或 $\bar{a} = \mu_k g \leftarrow$

而由 $\sum M_G = \bar{I}\alpha$，可知

$$-Fr = (\frac{2}{5}mr^2)\alpha$$

得　　$\alpha = -\frac{5}{2}\frac{\mu_k g}{r}$ 或 $\vec{\alpha} = \frac{5}{2}\frac{\mu_k g}{r}$ 順時針

(a) 當圓球開始滾動而不滑動，則圓球與地面接觸之點 C 其絕對速度

　　應為零，由相對速度 $\vec{v}_C = \vec{v}_G + \vec{v}_{C/G}$，其中質心速度 $\vec{v}_G$ 由質心加速

　　度 $\bar{a}$ 可得為

$$\bar{a} = -\mu_k g = \frac{dv_G}{dt}$$

故　　$\int_{\bar{v}}^{\bar{v}'} dv_G = \int_0^t (-\mu_k g)dt$

即　　$v_G = \vec{v}' = \bar{v} - \mu_k gt$ ⋯⋯⋯⋯⋯⋯⋯⋯⋯⋯⋯⋯⋯ (*)

又由

$$\alpha = \frac{d\omega}{dt} = -\frac{5}{2}\frac{\mu_k g}{r}$$

則　　$\int_0^\omega d\omega = \int_0^t -\frac{5}{2}\frac{\mu_k g}{r}dt$

故　　$\omega = -\frac{5}{2}\frac{\mu_k g}{r}t$ 或 $\vec{\omega} = -\frac{5}{2}\frac{\mu_k g}{r}t\vec{k}$

而質心之速度

$$\vec{v}_G = \vec{v}' = \vec{\omega} \times \vec{r}_{G/C} = (-\frac{5}{2}\frac{\mu_k g}{r}t\vec{k}) \times (r\vec{j}) = \frac{5}{2}\mu_k gt\vec{i}$$

將上式代入 (*) 式中得開始滾動而不滑動之時間 t 為

$$t = \frac{2}{7}\frac{\bar{v}}{\mu_k g}$$

(b) 由 $\vec{\omega} = -\frac{5}{2}\frac{\mu_k g}{r}t\vec{k} = -\frac{5\bar{v}}{7r}\vec{k}$ 或 $\vec{\omega} = \frac{5\bar{v}}{7r}$ 順時針

　　　$\vec{v}_G = \frac{5}{2}\mu_k gt\vec{i} = \frac{5}{7}\bar{v}\vec{i}$ 或 $\vec{v}_G = \frac{5}{7}v \rightarrow$

例 題 7-3

已知如圖 7-10 所示之剎車系統欲將轉速 $\vec{\omega}$ 為順時針 150 rpm 之飛輪裝置於 10 圈轉動後停止。已知此飛輪裝置之質量慣性矩為 $100\ \mathrm{kg \cdot m^2}$，剎車與飛輪裝置間動摩擦係數為 0.4，試求制動器所應施之力為何?

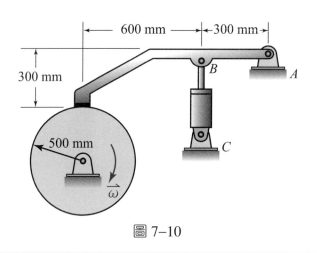

圖 7-10

解 由 $\qquad \alpha = \omega \dfrac{d\omega}{d\theta}$

即 $\qquad \displaystyle\int_0^\theta \alpha d\theta = \int_\omega^0 \omega d\omega$

得 $\qquad \alpha\theta = -\dfrac{1}{2}\omega^2$

由 $\qquad \theta = 10 \times 2\pi$ 順時針 $= -62.8\ \mathrm{rad}$

$\qquad \omega = 150\ \mathrm{rpm}$ 順時針 $= -15.71\ \mathrm{rad/s}$

則飛輪裝置之加速度為

$\qquad \alpha = 1.964\ \mathrm{rad/s^2}$ 或 $\vec{\alpha} = 1.964\ \mathrm{rad/s^2}$ 逆時針

由圖 7-11(a)可得

$\qquad \sum \vec{M}_O = \bar{I}\,\vec{\alpha}$

$\qquad F(0.5) = 100(1.964)$

故摩擦力 F 為 392.8 N

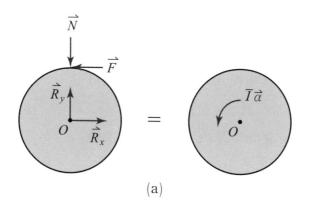

(a)

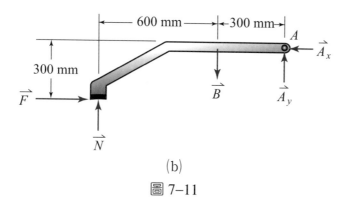

(b)

圖 7–11

而由 $F = \mu_k N$ 可知剎車之正向力 N 為

$$N = \frac{392.8}{0.4} = 982 \text{ N}$$

由圖 7–11(b)可知 $\sum \vec{M}_A = 0$，即

$$392.8 \times 300 - 982 \times 900 + B \times 300 = 0$$

得　　$B = 2553.2 \text{ N}$

故制動器所施之力 $\vec{B}$ 為

$$\vec{B} = 2553.2 \text{ N} \downarrow$$

例 題 7-4

如圖 7-12 所示，其中桿 *AB* 及桿 *CD* 之轉速為定速 240 rpm，試求在圖示之位置，桿 *AB* 及桿 *CD* 施於質量為 5 kg 之均勻桿 *BC* 的作用力各為何？

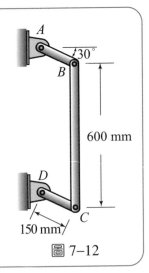

圖 7-12

解

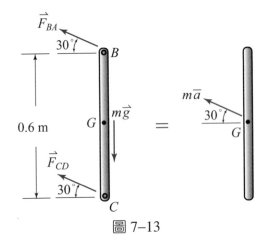

圖 7-13

由　　$\omega = 240 \text{ rpm} = 8\pi \text{ rad/s} = 25.13 \text{ rad/s}$

桿 *BC* 為曲線平移，故其每一點之加速度均應相同，而由桿 *AB* 及桿 *CD* 均為等速旋轉可知 *B* 及 *C* 之加速度均為沿桿 *AB* 或 *CD* 方向之向心加速度，故桿 *BC* 質心 *G* 之加速度 $\bar{a}$ 亦應為沿桿 *AB* 或 *CD* 方向如圖 7-13 所示。即

$$\bar{a} = \omega^2 \overline{AB} = 25.13^2 \times 0.15 = 94.75 \text{ m/s}^2 \searrow 30°$$

由圖 7-13 可得

$$F_{BA} + F_{CD} - mg\cos 60° = m\bar{a} \quad\cdots\cdots\cdots\cdots\cdots\cdots (*)$$

而由對 B 點之力矩和可知

$$F_{CD}\cos30°(0.6 \text{ m}) = m\bar{a}\cos30°(0.3 \text{ m})$$

故　　$F_{CD} = 236.88 \text{ N}$

而 F_{BA} 由 (*) 式可得為

$$F_{BA} = m\bar{a} + mg\cos60° - F_{CD}$$
$$= 5 \times 94.75 + 49.05 \times \cos60° - 236.88$$
$$= 261.40 \text{ N}$$

所以　$\vec{F}_{BA} = 261.40 \text{ N} \searrow 30°$

　　　$\vec{F}_{CD} = 236.88 \text{ N} \searrow 30°$

例　題 7–5

續例題 7–4，若系統於圖 7–12 所示之位置由靜止被釋放，則在釋放之瞬間桿 AB 及桿 CD 施於桿 BC 的作用力各為何?

解

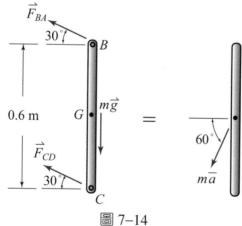

圖 7–14

若系統由靜止被釋放，則在釋放之瞬間 B 及 C 點之速度為零，故 B 及 C 點之加速度僅為與桿 AB 或 CD 方向垂直之切線加速度，即

$$\bar{a} = g\cos30° = 8.50 \text{ m/s}^2 \nearrow 60°$$

則由圖 7–14 可得

$$F_{BA} + F_{CD} - mg\cos 60° = 0 \text{ ------------------------------------ } (*)$$

而由對 B 點之力矩和可知

$$F_{CD}\cos 30°(0.6 \text{ m}) = m\overline{a}\cos 60°(0.3 \text{ m})$$

故　　$F_{CD} = 12.27$ N

而 F_{BA} 由 (*) 式可得為

$$F_{BA} = 5 \times 9.81 \times \cos 60° - 12.27 = 12.26 \text{ N}$$

故　　$\vec{F}_{BA} = 12.26$ N $\searrow 30°$

　　　$\vec{F}_{CD} = 12.27$ N $\searrow 30°$

習 題

1. 質量為 1 kg 之半圓環於兩端 AB 處各有一滾輪，使其可於如圖 7–15 所示之垂直溝槽中移動，已知此半圓環之加速度為 $\frac{1}{4}g$ 向上，試求：

   (a)向上拉力 $\vec{P}$ 之大小為何？　(b) A 及 B 處之反作用力為何？

2. 如圖 7–16 所示，質量為 m 半徑為 r 之圓柱於靜止狀態下置於速度為 $\vec{v}$ 之輸送帶上，假設 μ 為 A 與 B 處之摩擦係數且 $\mu < 1$，試求圓柱之角加速度 $\vec{\alpha}$？

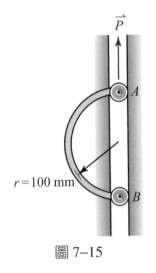

圖 7–15

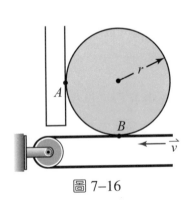

圖 7–16

3. 一長度為 0.4 m 之均勻桿 BC 之質量為 4 kg 如圖 7-17 所示,其一端點 B 以長度為 0.25 m 之繩連接至滑塊 A,若繩 AB 與桿 BC 因滑塊之加速度 $\vec{a}_A$ 維持不變而形成一直線,試求:(a)加速度 $\vec{a}_A$?　(b)繩之張力為何?

4. 已知如圖 7-18 所示之汽車輪胎與地面間的靜摩擦係數為 0.75,試求以下各種情況之最大可能加速度? (a)四輪驅動　(b)後輪驅動　(c)前輪驅動

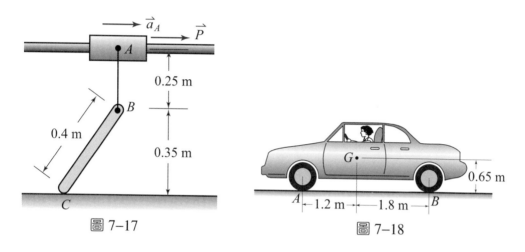

圖 7-17　　　　　　　　　圖 7-18

5. 如圖 7-19 所示重量為 50 N 之置物櫃下安裝滾輪使其可以於地面上自由滾動 ($\mu = 0$),若一 30 N 之水平力作用於離地高度 h 之位置,試求:
(a)櫃子之加速度?　(b)高度 h 之範圍使櫃子不致傾倒?

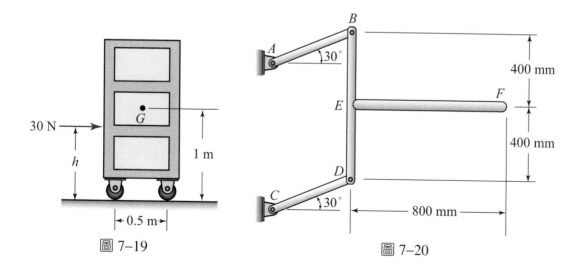

圖 7-19　　　　　　　　　圖 7-20

6. 如圖 7–20 所示之圖中桿 BD 及 EF 為均勻材質所製成且質量均為 2 kg，將 BD 與 EF 銲接在一起並與 AB 及 CD 構成一平行四連桿機構，不計桿 AB 及桿 CD 之質量，試求由靜止開始釋放之瞬間，桿 AB 及桿 CD 之作用力各為何？

7. 如圖 7–21 所示之圓盤以 100 rpm 順時針方向作定速轉動，若 BC 桿之質量為 4 kg，試求 BC 桿之端點 B 及 C 所受之力的垂直分量各為何？

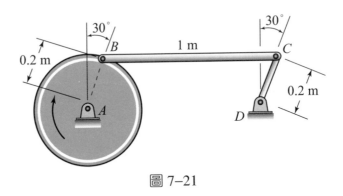

圖 7–21

8. 圖 7–22 所示之桿 AC 由 A 及 B 處之銷引導，可於兩個半徑均為 200 mm 之圓弧型平行溝槽中自由滑動，假設桿之質量為 10 kg，且於圖示之位置 C 點之速度之垂直分量為 1.25 m/s 向上，而加速度之垂直分量為 5 m/s² 向上，試求外力 $\vec{P}$？

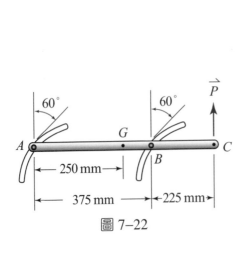

圖 7–22

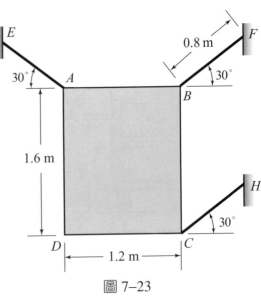

圖 7–23

9. 質量為 10 kg 之薄板 ABCD 由三條繩索 AE, BF 及 CH 保持如圖 7-23 所示
之位置，此時若將繩 AE 剪斷，試求：

　(a)薄板之加速度為何？

　(b)繩 BF 及 CH 之張力為何？

10. 一雙重滑輪如圖 7-24 所示之質量為 6 kg，其相對於形心軸之迴轉半徑為
135 mm，A 與 B 之質量均為 2.4 kg，不計摩擦，且系統由靜止被釋放，試
求雙重滑輪之角加速度為何？

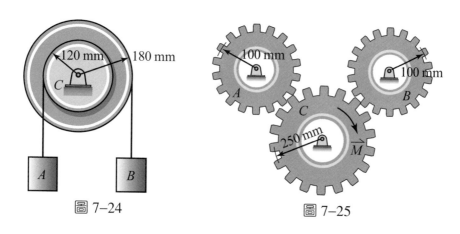

圖 7-24　　　　　　　　　　　圖 7-25

11. 圖 7-25 中的 A 及 B 兩齒輪均相同，質量為 2 kg 且迴轉半徑為 75 mm，另
一齒輪 C 之質量為 10 kg 而迴轉半徑為 225 mm。若固定大小之偶矩 $M = 5$
N·m 施於齒輪 C，試求：

　(a)齒輪 A 之角加速度？

　(b)齒輪 C 施於齒輪 A 之切線方向作用力？

12. 長 5 公尺之樑質量為 225 kg，由兩條纜繩吊放至地面如圖 7-26 所示，若接
近地面時，A 端之減速度為 6 m/s^2，而 B 端之減速度為 0.75 m/s^2，試求每
一纜繩之張力為何？

13. 質量為 m 半徑為 r 之圓球，以不具線速度但具有順時針 ϖ 之角速度置於水
平面上如圖 7-27 所示，若 μ_k 為球與地面間之動摩擦係數，試求：

　(a)圓球開始滾動而不滑動所需之時間 t 為何？

　(b)續(a)，在該 t 時刻圓球之線速度與角速度各為何？

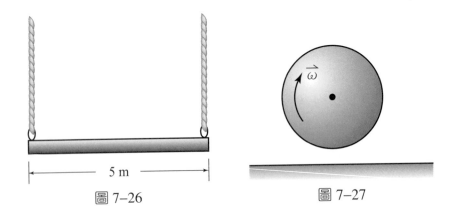

圖 7-26　　　　　　　　　　　　圖 7-27

7-4　受拘束之平面運動

在大部份的工程應用中，剛體的運動均是所謂的拘束運動 (constrained motion)，此種拘束運動使得剛體依照預先設計之方式產生運動，在剛體的平面運動中，拘束運動定義了剛體質心 G 之加速度 $\bar{a}$ 以及剛體之角加速度 $\bar{\alpha}$ 的關係。對於受拘束的平面運動，一般均先進行運動分析 (kinematic analysis)，如第六章中所介紹的，亦即將質心加速度 $\bar{a}$ 依參考座標定義之分量，如 $\bar{a}_x$ 及 $\bar{a}_y$，以角加速度 α 來表示，而後再利用 d'Alembert's 原理加以分析並求出未知數。

在 §7-3 節中已介紹了兩種受拘束之平面運動，分別是如圖 7-5 所示的平移運動及繞形心軸之旋轉運動；其中前者之角加速度受到拘束致使為零，而後者則是質心 G 之加速度受到拘束為零。另有兩種特別的拘束運動亦值得在此提出並加以討論，分別是剛體對非形心軸的旋轉，以及圓盤或輪之滾動運動。

1.非形心軸之旋轉 (Noncentroidal Rotation)

此種運動是板塊或對稱剛體繞著一通過非質心之固定軸旋轉，如圖 7-28 所示，其中固定軸與剛體之參考平面相交於 O，質心 G 之軌跡係以 O 為中心，$\bar{r}$ 為半徑之圓弧。假設 $\bar{\omega}$ 與 $\bar{\alpha}$ 分別為剛體之角速度及角加速度（剛體之角速

度及角加速度不論參考點之位置取在何處均無影響），則 G 之切線加速度 $\bar{a}_t$
及法線加速度 $\bar{a}_n$ 為

$$\bar{a}_t = \bar{r}\alpha \qquad \bar{a}_n = \bar{r}\omega^2 \tag{7-10}$$

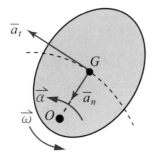

圖 7-28　　非形心軸之旋轉

　　(7-10) 式即是前面所提及的運動分析的結果，利用此結果即可進一步應
用 d'Alembert's 原理如圖 7-29 所示，並用以代入並消去運動方程式中之 $\bar{a}_t$
及 $\bar{a}_n$。

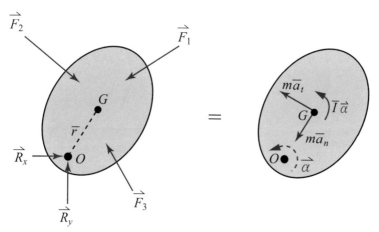

圖 7-29　　非形心軸旋轉之 d'Alembert's 原理

　　若依圖 7-29 對 O 點取力矩和，則可得下式：

$$\sum \vec{M}_O = \bar{I}\,\vec{\alpha} + (m\bar{r}\,\vec{\alpha})\bar{r} = (\bar{I} + m\bar{r}^2)\vec{\alpha} \tag{7-11}$$

由質量慣性矩之平行軸定理可知上式中的 $\bar{I} + m\bar{r}^2 = I_O$,故 (7–11) 式可改寫為

$$\sum \vec{M}_O = I_O \vec{\alpha} \qquad\qquad (7\text{–}12)$$

(7–12) 式的結果僅代表外力對 O 之力矩總和等於偶矩 $I_O\vec{\alpha}$,並不代表圖 7–29 中的外力 $\sum\vec{F}$ 與偶矩 $I_O\vec{\alpha}$ 為相等力系。依 §7–3 節所述外力 $\sum\vec{F}$ 與偶矩 為相等力系只發生於如圖 7–5(b)之剛體繞形心軸旋轉之情況。

2.滾動運動 (Rolling Motion)

對於如圓盤或輪於平面上之滾動運動,若圓盤與地面間為純粹滾動,即無任何滑動現象的話,則如圖 7–30 所示,圓盤質心 G 之加速度 $\bar{a}$ 與圓盤角加速度 $\vec{\alpha}$ 之間存在某特定關係,即

$$\bar{a} = r\alpha \qquad\qquad (7\text{–}13)$$

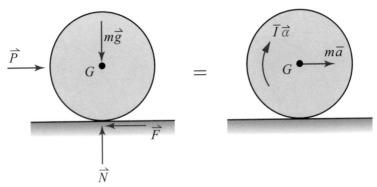

圖 7–30　滾動運動之 d'Alembert's 原理

對於滾動運動摩擦力 $\vec{F}$ 之計算,應依照不同的情況來加以決定。首先若為純滾動而無滑動,則 F 之大小可能為小於最大靜摩擦力 F_m ($F_m = \mu_s N$,μ_s 為靜摩擦係數) 之任何值,因此圖 7–30 中應該將 F 當作未知數,依運動方程式來求解並決定其確實之大小。而當 F 等於 F_m 時,則滾動之關係仍然維持,即 $\bar{a} = r\alpha$,但滑動現象即將產生。而當滑動開始時,滾動之關係將無法繼續

維持，即 $\bar{a}$ 與 α 之間無確定之關係存在，而摩擦力 F 將為動摩擦力 F_k（$F_k = \mu_k N$，μ_k 為動摩擦係數）。依上述之討論可整理如表 7–1 所示。

　　當無法確認圓盤是否滑動時，則先假設圓盤滾動且無滑動。若解出之 F 小於或等於 $\mu_s N$，則假設成立。否則若 F 大於 $\mu_s N$，則假設不成立，須另行假設滾動與滑動同時存在，並重新加以分析計算。

表 7–1　滾動運動之各項性質

運　動	摩擦力 F	拘束條件
滾動，無滑動	$F < \mu_s N$	$\bar{a} = r\alpha$
滾動，滑動即將開始	$F = \mu_s N$	$\bar{a} = r\alpha$
滾動與滑動共存	$F = \mu_k N$	$\bar{a}$ 與 α 無特定關係

例 題 7-6

一塊如圖 7–31 所示之四邊形板質量為 6 kg，若 B 端之支撐於瞬間被移除，試求：

(a)板之角加速度？

(b) A 端之反作用力為何？

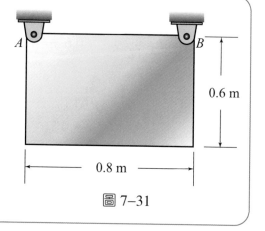

圖 7–31

解　當 B 端支撐被移除之瞬間，板以 A 為旋轉中心進行迴轉，惟因由靜止起動，故角速度為零，而質心 G 之加速度僅為沿 $\overline{AG}$ 之切線方向之加速度 $\bar{a}$，沿 $\overline{AG}$ 方向之法線加速度為零。

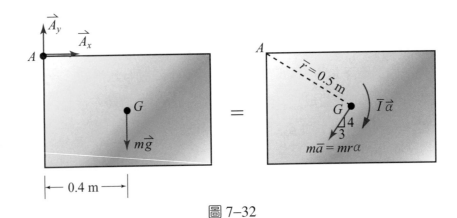

圖 7–32

(a)設板之角加速度為 α，則 $\bar{a} = \bar{r}\alpha$，依圖 7–32 可得

$$mg(0.4) = m\bar{a}\bar{r} + \bar{I}\alpha$$

整理後可得

$$\alpha = \frac{0.4mg}{m\bar{r}^2 + \bar{I}}$$

上式中形心慣性矩 $\bar{I}$ 為

$$\bar{I} = \frac{m}{12}(0.8^2 + 0.6^2) = 0.5 \text{ kg·m}^2$$

則角加速度 $\vec{\alpha}$ 為

$$\vec{\alpha} = \frac{0.4(6)(9.81)}{(6)(0.5)^2 + 0.5} = \frac{23.544}{2} = 11.77 \text{ rad/s}^2 \text{ 順時針}$$

(b)由 $m\bar{a} = m\bar{r}\alpha = 6(0.5)(11.77) = 35.32 \text{ N}$

依圖 7–32，則

$$A_x = -m\bar{a}\left(\frac{3}{5}\right) = -21.19 \text{ 或 } \vec{A}_x = 21.19 \text{ N} \leftarrow$$

$$A_y - 6(9.81) = -m\bar{a}\left(\frac{4}{5}\right)$$

故 $A_y = 58.86 - (35.32)\left(\frac{4}{5}\right) = 30.60 \text{ 或 } \vec{A}_y = 30.60 \text{ N} \uparrow$

例 題 7-7

如圖 7-33 所示，一輪之內轂以繩索環繞並以 200 N 之水平作用力拉引，若輪之質量為 50 kg 且迴轉半徑為 70 mm，靜摩擦係數 0.20，動摩擦係數 0.15，試求 G 之加速度及輪之角加速度？

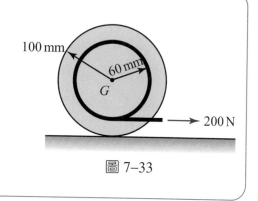

圖 7-33

解 如圖 7-34 所示，先假設滾動無滑動之情況，則質心 G 之加速度 $\bar{a}$ 為

$$\bar{a} = r\alpha = 0.1\alpha$$

而形心慣性矩

$$\bar{I} = m\bar{k}^2 = (50)(0.07)^2 = 0.245 \text{ kg} \cdot \text{m}^2$$

則由對 C 之力矩和可得

$$200(0.04) = m\bar{a}(0.1) + \bar{I}\alpha$$

$$8 \text{ N} \cdot \text{m} = 50(0.1)^2\alpha + (0.245 \text{ kg} \cdot \text{m}^2)\alpha$$

得　　$\alpha = 10.74 \text{ rad/s}^2$，故 $\bar{a} = r\alpha = 1.074 \text{ m/s}^2$

再依圖 7-34，可得

$$-F + 200 = m\bar{a} = (50 \text{ kg})(1.074 \text{ m/s}^2)$$

故　　$F = 146.3$ 或 $\vec{F} = 146.3 \text{ N} \leftarrow$

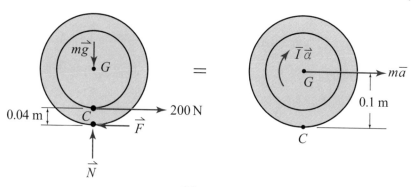

圖 7-34

而正向力

$$N = mg = (50 \text{ kg})(9.81 \text{ m/s}^2) = 490.5 \text{ N} \text{ 或 } \overline{N} = 490.5 \text{ N} \uparrow$$

因　　$F_{\max} = \mu_s N = 0.2(490.5 \text{ N}) = 98.1 \text{ N}$

而 $F > F_{\max}$ 故原假設僅滾動無滑動不成立，則再次假設滾動與滑動並存，且 $\overline{a}$ 與 α 之間並無特定拘束條件存在。由

$$F = F_k = \mu_k N = 0.15(490.5 \text{ N}) = 73.6 \text{ N}$$

則由圖 7–34 可得

$$200 - 73.6 = 50\overline{a}$$

故　　$\overline{a} = 2.53 \text{ m/s}^2 \rightarrow$

再由對 G 之力矩和，則

$$(73.6 \text{ N})(0.1 \text{ m}) - (200 \text{ N})(0.06 \text{ m}) = (0.245 \text{ kg} \cdot \text{m}^2)\alpha$$

$$\alpha = -18.94 \text{ rad/s}^2 \text{ 或 } \overline{\alpha} = 18.94 \text{ rad/s}^2 \text{ 逆時針}$$

例 題 7-8

桿 AB 長 4 m，質量為 5 kg，可自由移動於無摩擦之兩接觸面上如圖 7–35 所示。若於圖示之位置由靜止開始釋放，試求：

(a)桿之角加速度？

(b) A 及 B 點之反作用力？

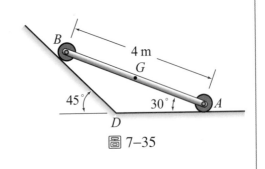

圖 7–35

解 首先從運動學來分析 AB 桿之運動，由圖 7–36(a)可知 A 及 B 點之加速度的方向均為沿其各自接觸面的方向，而因為由靜止開始釋放，故角速度為零，即法線加速度的部份均為零，則 $\overline{a}_{B/A}$ 之方向為垂直於 AB 桿之方向，大小為 4α，由圖 7–36(b) AB 桿之相對加速度方程式可寫為

$$\vec{a}_B = \vec{a}_A + \vec{a}_{B/A}$$

$$[a_B \ \diagdown \ 45°] = [a_A \rightarrow] + [4\alpha \ \diagdown \ 60°]$$

而由正弦定律可得

$$a_A = 5.46\alpha \qquad a_B = 4.90\alpha$$

故質心 G 之加速度 $\vec{a}$ 為

$$\vec{a} = \vec{a}_G = \vec{a}_A + \vec{a}_{G/A} = [5.46\alpha \rightarrow] + [2\alpha \ \diagdown \ 60°]$$

分解為沿 x 及 y 方向之 $\bar{a}_x$ 及 $\bar{a}_y$ 則

$$\bar{a}_x = 4.46\alpha \rightarrow \qquad \bar{a}_y = 1.732\alpha \downarrow$$

由慣性矩

$$\bar{I} = \frac{1}{12}m\ell^2 = \frac{1}{12}(5)(4)^2 = 6.67 \text{ kg·m}^2$$

則依圖 7–37 對 E 之力矩和為

$$5(9.81)(1.732) = (22.3\alpha)(4.46) + (8.66\alpha)(1.732) + 6.67\alpha$$

$$\alpha = 0.70 \text{ rad/s}^2 \text{ 或 } \vec{\alpha} = 0.70 \text{ rad/s}^2 \text{ 逆時針}$$

再由 x 及 y 方向之合力可得

$$R_B \sin 45° = (22.3)(0.70) = 15.61$$

故 $\quad \vec{R}_B = 22.08 \text{ N} \diagup 45°$

$$R_A + R_B \cos 45° - 5(9.81) = -5(1.732)(0.70)$$

故 $\quad \vec{R}_A = -6.062 + 49.05 - 15.61 = 26.84 \text{ N} \uparrow$

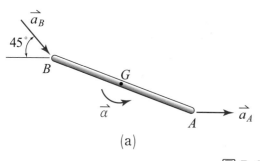

(a)

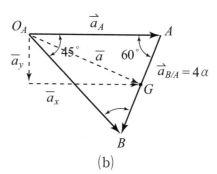

(b)

圖 7–36

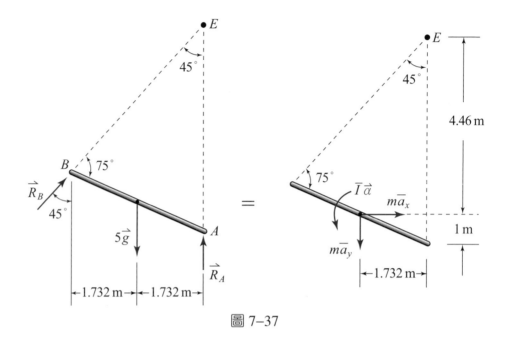

圖 7–37

習 題

14. 一均勻桿 AB 長度 $L = 900$ mm，質量 $m = 4$ kg，如圖 7–38 所示，若水平力 $P = 75$ N 施於 B，且 $\bar{r} = 225$ mm，試求：

(a)桿 AB 之角加速度？　(b) C 點處之反作用力？

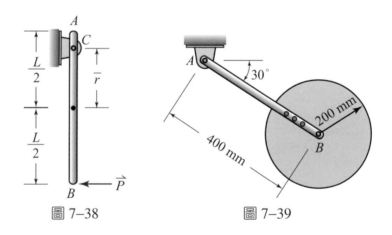

圖 7–38　　　　　　　　　**圖 7–39**

15. 質量 2 kg 之桿與質量 4 kg 之均勻圓盤鉚接如圖 7–39 所示，而在圖示之位置，此組合體之角速度為 4 rad/s 順時針，試求：

    (a)組合體之角加速度？　(b) A 點處之反作用力？

16. 兩均勻長桿 AB 及 CD，鉚接而成一組合體如圖 7–40 所示，其中桿 AB 之質量 6 kg，桿 CD 之質量 4 kg，若在圖示之位置此組合體之角速度為 12 rad/s 而角加速度為 36 rad/s^2，均為順時針，試求：

    (a)水平力 P 之大小？　(b)在 E 處之反作用力？

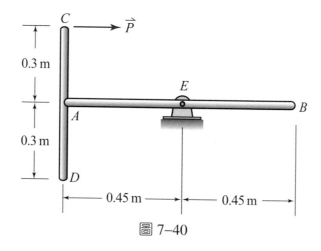

圖 7–40

17. 均勻桿長度為 L 且重量為 W，其支撐方式如圖 7–41 所示，若 B 端之繩突然斷裂，試求：

    (a) B 端之加速度？　(b) A 端之反作用力？

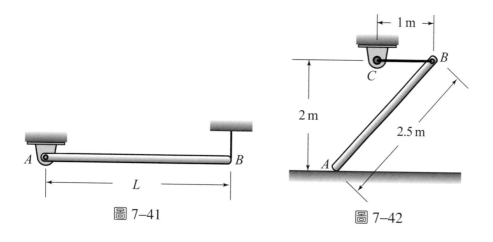

圖 7–41　　　　圖 7–42

18. 均勻桿 AB 質量為 50 kg 由圖 7–42 所示之位置靜止被釋放，若 A 端可於無摩擦之平面上自由滑動，試求：

(a)桿之角加速度？　(b)繩 BC 之張力？　(c) A 端之反作用力？

19. 質量為 12 kg 之物體由兩個質量 8 kg、半徑 0.3 m 之均勻圓盤支撐，而大小為 4 N 之水平外力則作用於此物體上如圖 7–43(a)及(b)所示，已知圓盤為滾動而無滑動，試分別求出物體之加速度？

20. 一均勻圓盤質量為 m 由傾斜角 θ 之斜面靜止釋放如圖 7–44 所示，假設滾動而不滑動，試求圓盤之　(a)角加速度？　(b)中心點的加速度？

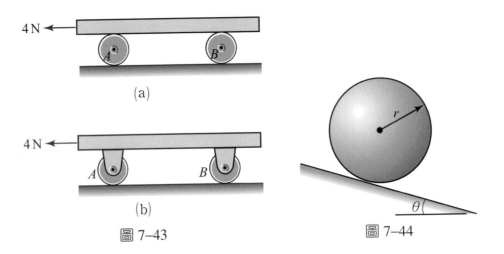

4 N

(a)

4 N

(b)

圖 7–43

圖 7–44

21. 質量 m = 6 kg 之均勻桿 AB 由 θ = 65° 之傾斜角靜止釋放如圖 7–45 所示，假設 A 端之摩擦力可避免滑動力之產生，試求：

(a)釋放瞬間桿之角加速度？

(b) A 端之摩擦力及正向力？

(c)最小之靜摩擦係數 μ_s 應為何？

22. 質量為 4 kg 之均勻桿 ACB 由 A 及 C 處之滑塊導引可於溝槽內自由滑動，若桿由圖 7–46 所示之位置靜止被釋放，滑塊之質量不計且不考慮摩擦，試求釋放之瞬間：

(a)桿之角加速度？　(b) A 處之反作用力？

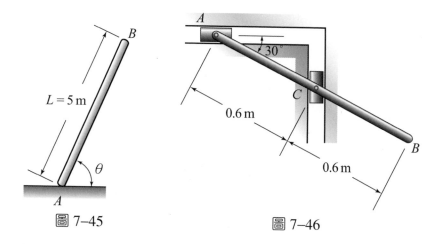

圖 7–45

圖 7–46

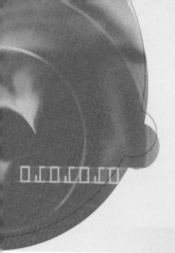

第八章
剛體之平面運動力
學——能量與動量

8–1 平面運動剛體之動能

欲計算剛體之動能，採用與第七章相同的觀念與方式，將剛體視為由許多質點所構成，則所有構成質點動能的總和，即為整個剛體之動能，假設 T 為剛體之動能，Δm_i 為第 i 個質點之質量，而 $\vec{v}_i$ 為其速度，則

$$T = \frac{1}{2}\sum_{i=1}^{n}\Delta m_i v_i^2 \tag{8–1}$$

而欲進一步瞭解上式，可以再依 §5–8 節的觀念，將不同質點所構成的質點系統視為由質心 G 所代表的運動以及各個質點相對於質心 G 的運動的合成，即依圖 5–34 之定義並再次列出 (5–44) 式如下：

$$\vec{v}_i = \bar{v} + \vec{v}_i' \tag{5–44}$$

則 (8–1) 式將成為

$$T = \frac{1}{2}\sum_{i=1}^{n}\Delta m_i v_i^2 = \frac{1}{2}\sum_{i=1}^{n}(\Delta m_i \vec{v}_i \cdot \vec{v}_i)$$

$$= \frac{1}{2}\sum_{i=1}^{n}[\Delta m_i(\bar{v} + \vec{v}_i') \cdot (\bar{v} + \vec{v}_i')] \tag{8–2}$$

上式展開整理後如下：

$$T = \frac{1}{2}(\sum_{i=1}^{n}\Delta m_i)\bar{v}^2 + \bar{v}\cdot\sum_{i=1}^{n}\Delta m_i \vec{v}_i' + \frac{1}{2}\sum_{i=1}^{n}\Delta m_i v_i'^2 \tag{8–3}$$

其中之 $\sum_{i=1}^{n}\Delta m_i \vec{v}_i' = m\vec{v}'$ 為質點系統相對於質心參考座標系 $Gx'y'$ 之動量和，依 $\vec{v}' = \dfrac{d}{dt}\vec{r}' = 0$，以及上式中 $\sum_{i=1}^{n}\Delta m_i = m$ 即系統之總質量，則 (5–46) 式可進一步化簡如下：

$$T = \frac{1}{2}m\vec{v}^2 + \frac{1}{2}\sum_{i=1}^{n}\Delta m_i v_i'^{\,2} \qquad (8\text{–}4)$$

由 (5–47) 式可知剛體之動能可視為質心 G 之動能，以及所有構成此剛體之質點相對於質心 G 的動能之總和，依圖 8–1 可知質點相對於質心參考座標系之速度 $\vec{v}_i'$ 為

$$\vec{v}_i' = \vec{\omega} \times \vec{r}_i' \qquad (8\text{–}5)$$

則 (8–4) 式將成為

$$T = \frac{1}{2}m\vec{v}^2 + \frac{1}{2}\Big(\sum_{i=1}^{n} r_i'^{\,2}\,\Delta m_i\Big)\omega^2 \qquad (8\text{–}6)$$

上式中括號的部份即是剛體相對於質心參考座標之質量慣性矩 $\bar{I}$，因此剛體之動能 T 可以表示為

$$T = \frac{1}{2}m\vec{v}^2 + \frac{1}{2}\bar{I}\omega^2 \qquad (8\text{–}7)$$

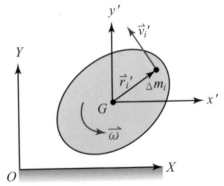

圖 8–1　質點相對於質心參考座標系之速度

若將剛體之平面運動視為平移與相對於質心 G 之旋轉兩種運動之合成，則平移運動之動能為 $\dfrac{1}{2}mv^2$，而相對於質心 G 之旋轉運動的動能為 $\dfrac{1}{2}\bar{I}\omega^2$。

🌑 8–2　力作用於剛體之功

依第四章中功的定義，外力對剛體作用所產生的功基本上可定義為外力與作用點位移之純量積。假設 $\vec{r}_1$ 及 $\vec{r}_2$ 分別為外力 $\vec{F}$ 作用期間作用點之位置向量，則 $\vec{F}$ 對剛體作用之功 $U_{1\to 2}$ 為

$$U_{1\to 2} = \int_{\vec{r}_1}^{\vec{r}_2} \vec{F} \cdot d\vec{r} \tag{8–8}$$

若以 s 代表作用點沿其移動路徑之距離，α 為外力 $\vec{F}$ 與作用點移動方向之夾角，則 (8–8) 式可以表示為

$$U_{1\to 2} = \int_{s_1}^{s_2} (F\cos\alpha)ds \tag{8–9}$$

若外力與位移之間所夾角度 α 為銳角，則 dU 為正值，外力作正功；反之若 α 為鈍角，則 dU 為負值，外力作負功；而若 α 為 90 度，則 dU 為零，外力不作功。

前述之功 dU 是針對在力量作用下的線性運動而言，除此之外，尚有在力偶作用下的旋轉運動所產生的功，如圖 8–2 所示，由 $-\vec{F}$ 及 $\vec{F}$ 所組成的力偶分別作用於剛體上之 A 及 B 點上，使得其位置移動到 A' 及 B'' 之位置，此部份之運動又可分為平移運動，由 AA' 及 BB' 兩段平行且等長的位移 $d\vec{r}_1$ 所表示；以及繞 A' 之旋轉運動，由 $A'B'$ 及 $A'B''$ 之間的夾角 $d\theta$ 或由 B' 到 B'' 的位移 $d\vec{r}_2$ 所代表，而力偶在平移運動中因 $\vec{F}$ 及 $-\vec{F}$ 對 $d\vec{r}_1$ 之功互相抵消故不作功，但在旋轉運動中力 $\vec{F}$ 對由 B' 到 B'' 之 $d\vec{r}_2$ 所作之功為 $dU = Frd\theta = Md\theta$，故偶矩 $\vec{M}$ 對剛體所作之功 $U_{1\to 2}$ 為

$$U_{1 \to 2} = \int_{\theta_1}^{\theta_2} M d\theta \tag{8-10}$$

對剛體之平面運動因偶矩 $\vec{M}$ 與角度之位移在方向上是一致的，故 (8-10) 式中並未以向量內積之型式來表示 $U_{1 \to 2}$，而更因為如此，若偶矩 $\vec{M}$ 之大小保持固定，則 (8-10) 式可以更簡化為

$$U_{1 \to 2} = M(\theta_2 - \theta_1) \tag{8-11}$$

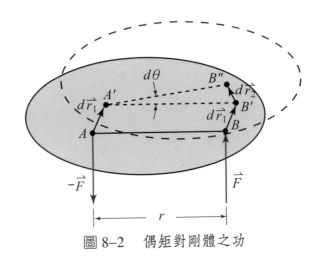

圖 8-2　偶矩對剛體之功

🌀 8-3　剛體之功與能原理

若將剛體視為不同質點之組合而成，則第四章所介紹的觀念便可應用於剛體，而剛體之功與能原理更可直接依 §4-4 節寫出為

$$T_1 + U_{1 \to 2} = T_2 \tag{8-12}$$

其中 T_1 及 T_2 分別為外力作用開始及結束時的動能，可由 (8-7) 式計算得之，而外力之功 $U_{1 \to 2}$ 則可視外力之種類及型式依 §8-2 節中的觀念加以計算。與第四章單一質點不同的是，剛體的構成質點之間的內力並不需要考慮其所作之功，換句話說，$U_{1 \to 2}$ 對剛體來說單純僅為外力所作之功。

利用功與能原理來分析剛體之受力較第七章之方法為適用的時機為牽涉到速度及位移，同時功與能原理因其中的各項均為純量，故在計算上較為直接及方便。

8-4　剛體之能量守恆

若作用於剛體之外力均為保守力，則 (8-12) 式中的 $U_{1\to 2}$ 可以表示成位能的差值則依 §4-5 節，剛體之機械能應保持定值，即

$$T_1 + V_1 = T_2 + V_2 \tag{8-13}$$

上式中 V_1 及 V_2 分別為外力（保守力）於起始位置及結束位置之位能總和。

例　題 8-1

如圖 8-3 所示形狀之物體由靜止開始於斜面上加以釋放，試求該形狀所對應之如下三種物體於滾動後所產生之垂直距離差值為 h 時的速度各為何？　(a)圓球　(b)圓柱　(c)圓環

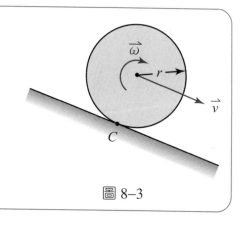

圖 8-3

解　由滾動可知 $\omega = \dfrac{\bar{v}}{r}$，則

$$T_1 = 0$$

$$T_2 = \frac{1}{2}m\bar{v}^2 + \frac{1}{2}\bar{I}\omega^2 = \frac{1}{2}(m + \frac{\bar{I}}{r^2})\bar{v}^2$$

在滾動運動中摩擦力 F 並不作功，故僅重力之功為

$$U_{1\to 2} = Wh$$

依功與能原理：$T_1 + U_{1\to 2} = T_2$

$$0 + Wh = \frac{1}{2}(m + \frac{\bar{I}}{r^2})\bar{v}^2$$

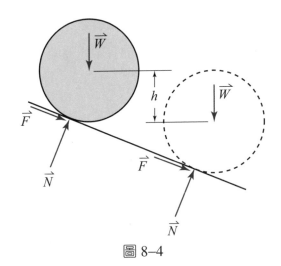

圖 8–4

即　　$\bar{v}^2 = \dfrac{2Wh}{m + \dfrac{\bar{I}}{r^2}} = \dfrac{2gh}{1 + \dfrac{\bar{I}}{mr^2}}$

(a)圓球：$\bar{I} = \dfrac{2}{5}mr^2$　　　$\bar{v} = 0.845\sqrt{2gh}$

(b)圓柱：$\bar{I} = \dfrac{1}{2}mr^2$　　　$\bar{v} = 0.816\sqrt{2gh}$

(c)圓環：$\bar{I} = mr^2$　　　　$\bar{v} = 0.707\sqrt{2gh}$

例 題 8–2

如圖 8–5 所示之雙重滑輪質量為 6 kg 且相對於形心軸之轉動半徑為 140 mm，兩邊所懸吊之質量 A 及 B 均為 3 kg，滑輪之摩擦相當於 0.5 N·m 之偶矩，若系統由靜止被釋放，試求 A 移動 900 mm 後之速度為何？

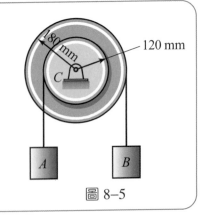

圖 8–5

解 假設 θ 為滑輪轉動之角度，則對 A 而言

$$900 \text{ mm} = 0.9 \text{ m} = r_A\theta$$

$$\theta = \frac{0.9}{0.12} = 7.5 \text{ rad 順時針}$$

故同一時間 B 移動（下降）之位移為

$$y_B = r_B\theta = 0.18 \times 7.5 = 1.35 \text{ m}$$

若 ω 為滑輪之轉速，則

$$v_A = 0.12\omega \uparrow$$

$$v_B = 0.18\omega \downarrow$$

由滑輪之質量慣性矩

$$\bar{I} = mk^2 = (6)(0.14)^2 = 0.1176 \text{ kg}\cdot\text{m}^2$$

將滑輪及質點 A、B 均視為同一系統，則

初動能 $T_1 = 0$

末動能 $T_2 = \frac{1}{2}\bar{I}\omega^2 + \frac{1}{2}m_Av_A^2 + \frac{1}{2}m_Bv_B^2$

$$= \frac{1}{2}(0.1176)\omega^2 + \frac{1}{2}(3)(0.12\omega)^2 + \frac{1}{2}(3)(0.18\omega)^2$$

$$= \frac{1}{2}(0.1176 + 4.32 \times 10^{-2} + 9.72 \times 10^{-2})\omega^2$$

$$= 0.129\omega^2$$

功 $U_{1\to2} = -m_Agy_A + m_Bgy_B - M\theta$

$$= -3 \times 9.81 \times 0.9 + 3 \times 9.81 \times 1.35 - 0.5 \times 7.5$$

$$= 9.4935 \text{ J}$$

依功與能原理：$T_1 + U_{1\to2} = T_2$

$$0 + 9.4935 = 0.1290\omega^2$$

解得 $\omega = 8.5786$ rad/s，故 A 之速度 v_A 為

$$v_A = 0.12\omega = 1.0294 \text{ m/s} \uparrow$$

例 題 8–3

齒輪 A 之質量 10 kg 轉動半徑 200 mm，齒輪 B 之質量 3 kg 轉動半徑 80 mm，若系統於靜止時齒輪 B 被施予一個 $\vec{M} = 6$ N·m 逆時針之偶矩，不計摩擦。試求：

(a)齒輪 B 轉速欲達到 600 rpm 所需之轉動圈數？

(b)齒輪 B 施於齒輪 A 之切線方向作用力？

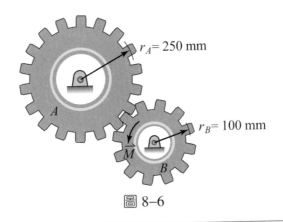

$r_A = 250$ mm

$r_B = 100$ mm

$\vec{M}$

圖 8–6

解 當齒輪 B 之轉速為 600 rpm 時，齒輪 A 之轉速 ω_A 為

$$\omega_A = \frac{r_B}{r_A}\omega_B = 240 \text{ rpm}$$

單位換算

$$\omega_A = 25.1 \text{ rad/s}$$
$$\omega_B = 62.8 \text{ rad/s}$$

齒輪 A 及 B 之質量慣性矩 $\bar{I}_A$ 及 $\bar{I}_B$ 分別為

$$\bar{I}_A = m_A k_A^2 = (10)(0.2)^2 = 0.4 \text{ kg·m}^2$$
$$\bar{I}_B = m_B k_B^2 = (3)(0.08)^2 = 0.0192 \text{ kg·m}^2$$

(a)系統由靜止起動，故

$$T_1 = 0$$

$$T_2 = \frac{1}{2}\bar{I}_A\omega_A^2 + \frac{1}{2}\bar{I}_B\omega_B^2$$

$$= \frac{1}{2}(0.4)(25.1)^2 + \frac{1}{2}(0.0192)(62.8)^2 = 163.9 \text{ J}$$

$$U_{1\rightarrow2} = M\theta_B = 6\theta_B$$

由功與能原理：$T_1 + U_{1\rightarrow2} = T_2$

$$0 + 6\theta_B = 163.9$$

故　$\theta_B = 27.32 \text{ rad} = \dfrac{27.32}{2\pi}$ 圈 $= 4.35$ 圈

(b)僅考慮齒輪 A，則初動能仍為零，$T_1 = 0$

$$T_2 = \frac{1}{2}\bar{I}_A\omega_A^2 = \frac{1}{2}(0.4)(25.1)^2 = 126 \text{ J}$$

功 $U_{1\rightarrow2}$ 由圖 8-7 可知係由切線力 $\vec{F}$ 所產

生，即

$$U_{1\rightarrow2} = F(r_A\theta_A) = F(r_B\theta_B) = 2.73F$$

由功與能原理

$$0 + 2.73F = 126$$

故　$\vec{F} = 46.2 \text{ N} \checkmark$

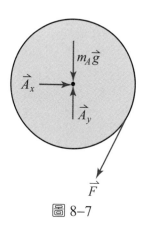

圖 8-7

例 題 8-4

桿 AB 及 BC 之質量分別為 4.5 kg 及 1.5 kg，若由圖 8-8 所示之位置靜止

被釋放，試求當桿 BC 通過垂直位置時其角速度為何？

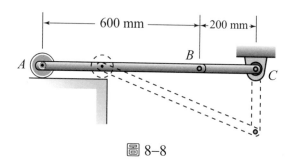

圖 8-8

解 當桿 BC 通過垂直位置時，由第六章運動學及圖 8-9 可知桿 AB 之

角速度 $\omega_{AB} = 0$，故

$$\vec{v}_{AB} = \vec{v}_A = \vec{v}_B$$

$$= 0.2\omega_{BC}$$

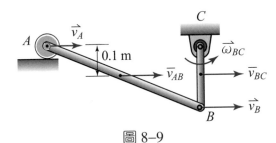

圖 8-9

系統之初動能 $T_1 = 0$

系統之末動能 T_2 為

$$T_2 = \frac{1}{2}m_{AB}\vec{v}_{AB}^2 + (\frac{1}{2}m_{BC}\vec{v}_{BC}^2 + \frac{1}{2}\bar{I}_{BC}\omega_{BC}^2)$$

$$= \frac{1}{2}(4.5)(0.2\omega_{BC})^2 + \frac{1}{2}(1.5)(0.1\omega_{BC})^2$$

$$+ \frac{1}{2}[\frac{1}{12}(1.5)(0.2)^2]\omega_{BC}^2$$

$$= (0.09 + 0.0075 + 0.0025)\omega_{BC}^2$$

$$= 0.1\omega_{BC}^2$$

假設於起始位置之高度為重力位能之基準面，則 $V_1 = 0$

$$V_2 = -(4.5)(9.81)(0.1) - (1.5)(9.81)(0.1) = -5.89 \text{ J}$$

由機械能守恆： $T_1 + V_1 = T_2 + V_2$

$$0 + 0 = 0.1\omega_{BC}^2 - 5.89$$

解得 $\vec{\omega}_{BC} = 7.67$ rad/s 逆時針

例 題 8-5

如圖 8-10 所示之長方形平板，若將 B

處之支撐移除則平板將繞 A 旋轉，試

求：

(a)平板轉動 90° 後之角速度？

(b)平板之最大角速度？

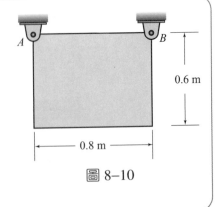

圖 8-10

解 平板之質量慣性矩

$$\bar{I} = \frac{m}{12}(0.6^2 + 0.8^2) = \frac{m}{12}$$

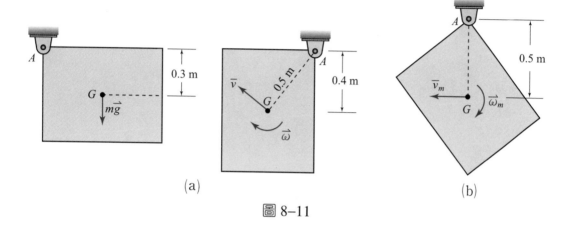

圖 8-11

(a)假設 AB 之高度為重力位能之基準面，則如圖 8-11(a)所示，可得如下：

初動能 $T_1 = 0$

初位能 $V_1 = mg(-0.3) = -0.3mg$

末動能 $T_2 = \frac{1}{2}m\bar{v}^2 + \frac{1}{2}\bar{I}\omega^2$

$$= \frac{1}{2}m(0.5\omega)^2 + \frac{1}{2}(\frac{1}{12}m)\omega^2$$

$$= \frac{1}{6}m\omega^2$$

末位能 $V_2 = mg(-0.4) = -0.4mg$

由機械能守恆：$T_1 + V_1 = T_2 + V_2$

$$0 - 0.3mg = \frac{1}{6}m\omega^2 - 0.4mg$$

$$\omega^2 = 0.6g = 5.886$$

故角速度 $\bar{\omega} = 2.43$ rad/s 順時針

(b)最大角速度應發生於動能最大，而位能最小之位置，故應為質心 G 擺動至垂直之位置如圖 8-11(b)所示，則

$$\bar{v}_m = 0.5\omega_m \qquad T_m = \frac{1}{6}m\omega_m^2 \qquad V_m = -0.5mg$$

由 $T_1 + V_1 = T_m + V_m$

$$0 - 0.3mg = \frac{1}{6}m\omega_m^2 - 0.5mg$$

解得 $\bar{\omega}_m = 3.431$ rad/s 順時針

習 題

1. 如圖 8-12 所示，雙重滑輪之質量為 18 kg 且轉動半徑為 300 mm，兩端所懸掛之質量 A 為 15 kg 而 B 為 6 kg，不計摩擦，試求滑輪由靜止被釋放轉動一圈後 A 及 B 之速度各為何？

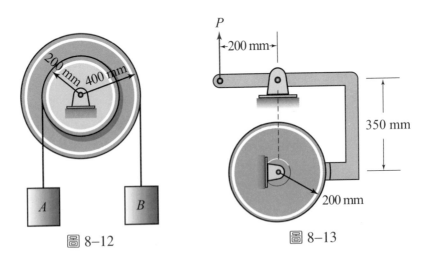

圖 8-12   圖 8-13

2. 如圖 8-13 之飛輪裝置之慣性矩為 8 kg·m^2，若最初之角速度為 120 rpm 順時針，試求欲使其在轉動 8 圈後停止所應施加之力 P 之大小為何？

3. 如圖 8-14 所示之圓盤 A 以順時針 300 rpm 之定速旋轉，圓盤 B 之質量為 5 kg，以靜止之狀態與 A 開始接觸，若摩擦係數為 0.25 且不計軸承處之摩擦，試求 B 需經過多少圈之轉動方能達到定速？

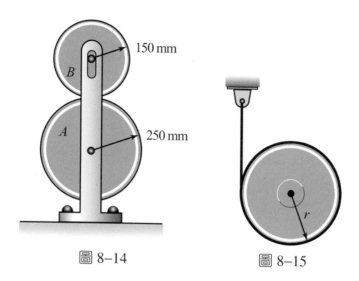

圖 8-14　　　　　　圖 8-15

4. 一繩繞於圓柱外圍如圖 8-15 所示，假設此圓柱之質量為 m，半徑為 r，若圓柱由靜止釋放，試求下降高度 h 後圓柱質心之速度為何？

5. 一質量為 m 半徑為 r 之球，在一半徑為 R 之圓弧形表面上滾動如圖 8-16 所示，若球係由靜止開始釋放，試求：

(a)當通過 B 點時之線速度？

(b)在 B 點處之反作用力的大小？

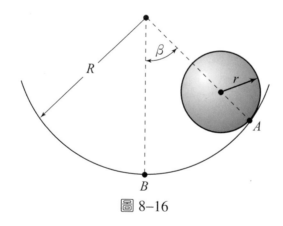

圖 8-16

6. 質量 12 kg 之物體由兩個質量 8 kg、半徑為 0.3 m 之均勻圓盤支撐，而大小為 4 N 之水平外力則作用於此物體上如圖 8-17(a)及(b)所示，已知圓盤為滾動而無滑動，試分別求出物體移動 3 m 後之速度？

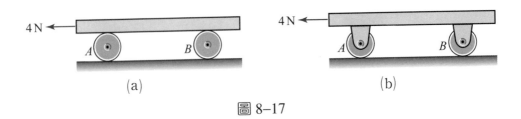

圖 8-17

7. 一均勻長桿長度 L、重量為 W 如圖 8-18 所示,若將 B 端之繩切斷後,試求:

　(a)桿通過垂直位置之角速度?

　(b)續(a),A 端之反作用力大小為何?

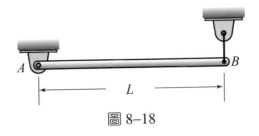

圖 8-18

8. 一質量為 5 kg 之均勻長桿鉸於一質量為 3 kg 之均勻圓盤上如圖 8-19 所示,而一彈簧繞於此圓盤之外圍且已知其彈簧常數為 80 N/m,若於圖示之位置彈簧為自由長度,並將系統由靜止開始釋放,試求桿 AB 轉動 90 度後其角速度為何?

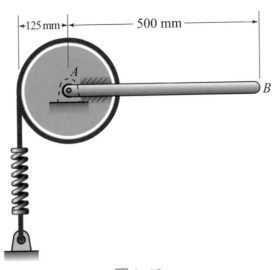

圖 8-19

9. 如圖 8–20 所示，齒輪 C 之質量為 3.2 kg，其形心轉動半徑為 60 mm，若均勻桿 AB 之質量為 2.4 kg 且內齒輪 D 為固定，若系統由靜止釋放，試求 AB 桿轉動 90 度後 B 點之速度為何？

10. 均勻長桿 AB 及 BC 質量分別為 3 kg 及 8 kg，滑塊 C 之質量為 4 kg，若系統於圖 8–21 之位置靜止被釋放，試求當桿 AB 轉動 90 度後 B 點之速度為何？

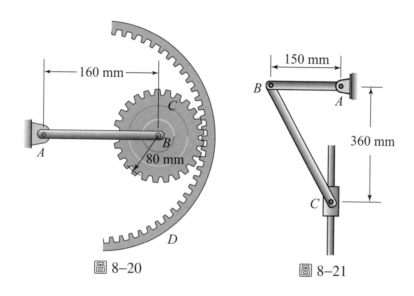

圖 8–20　　　　　　　圖 8–21

🌑 8–5　剛體平面運動之衝量與動量原理

　　如同之前探討剛體之牛頓運動定律及功與能原理一般，欲建立剛體之衝量與動量原理時仍應將剛體視為由許多質點所構成，則剛體之線動量 $\vec{L}$ 便可以由所有構成此剛體之質點的動量總和來加以表示，即

$$\vec{L} = \sum_{i=1}^{n} \vec{v}_i \Delta m_i \tag{8–14}$$

而由 (5–40) 式更可以將剛體之線動量以質心 G 之動量表示如下：

$$\vec{L} = m\bar{v} \tag{8–15}$$

同理，對於剛體相對於質心 G 之角動量 $\vec{H}_G$ 可以由所有構成質點相對於質心 G 之角動量的總和來表示，並由 §7–3 節進一步推導出對於平面板塊或形狀對稱於參考座標平面之剛體，其角動量 $\vec{H}_G$ 可以由相對於質心之質量慣性矩 $\bar{I}$ 以及角速度 $\vec{\omega}$ 之乘積來表示，即由 (7–3) 式及 (7–6) 式可得

$$\vec{H}_G = \sum_{i=1}^{n}(\vec{r}_i' \times \vec{v}_i \Delta m_i) = \bar{I}\,\vec{\omega} \tag{8-16}$$

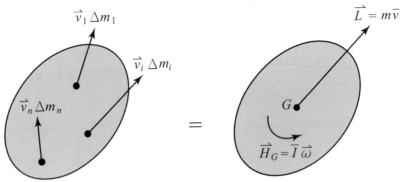

圖 8–22　剛體平面運動之總動量

圖 8–22 所表示的即是 (8–15) 式及 (8–16) 式的結果。在此宜注意對於剛體而言其總動量應同時包括線動量及角動量。若更進一步將單一質點之衝量與動量原理，即 (5–6) 式，以及角衝量與角動量原理，即 (5–35) 式，應用於此，則對於剛體之平面運動而言，其衝量與動量原理將可表示如下：

$$\boxed{\text{剛體之初動量}} \;+\; \boxed{\text{外力之衝量}} \;=\; \boxed{\text{剛體之末動量}} \tag{8-17}$$

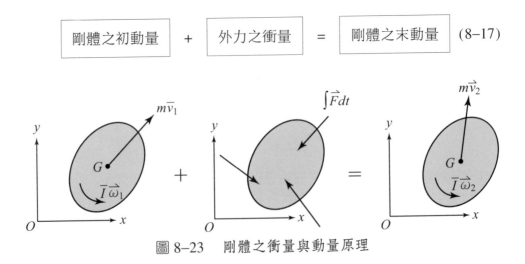

圖 8–23　剛體之衝量與動量原理

若以圖形表示則如圖 8–23 所示，對於板塊或對稱形狀之剛體，由 (8–17) 式或圖 8–23 應該可以得到三個方程式，其中兩個方程式為沿參考座標平面 x 及 y 方向之動量及衝量之和，第三個方程式為相對於任何一點之角動量及角衝量之和，一般均以剛體之質心作為此參考點。

8–6　剛體之動量守恆

剛體若沒有受到外力作用，或者外力之衝量為零，則由 (8–17) 式或圖 8–23 可以得知剛體的總線動量將維持不變，同時對於任何參考點之總角動量亦將維持不變。

除了上述之情況外，在某些應用中剛體之總線動量並未守恆，但是總角動量卻維持不變，這種情況發生於所有的外力均通過角動量之參考點，或者是外力相對於該參考點之角衝量為零。

例 題 8–6

一質量為 m 且半徑為 r 之均勻圓球以 $\bar{v}$ 之線速度但不具任何角速度的狀態投射於一水平面上如圖 8–24 所示，若球與水平面間摩擦係數為 μ_k，試求：

(a)圓球欲達到滾動而不滑動所需之時間 t？

(b)續(a)，在該 t 時刻球之線速度及角速度為何？

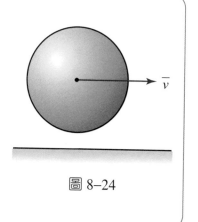

圖 8–24

 (a)由 (8–17) 式可得以下三式：

y 方向動量與衝量：$N\Delta t - mg\Delta t = 0$

x 方向動量與衝量：$m\bar{v} - F\Delta t = m\bar{v}'$

對質心之角動量：$Fr\Delta t = \bar{I}\omega$

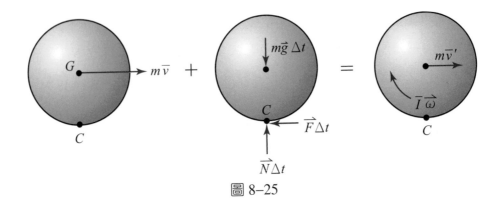

圖 8–25

由 $F = \mu_k N = \mu_k mg$ 可得

$$\bar{v}' = \bar{v} - \mu_k g \Delta t$$

又由 $\bar{I} = \dfrac{2}{5} m r^2$，則

$$\omega = \dfrac{5}{2} \dfrac{\mu_k g}{r} \Delta t$$

當滑動停止，則接觸點 C 之速度為零，由滾動可知 $\bar{v}' = r\omega$，故

$$\bar{v} - \mu_k g \Delta t = r \left(\dfrac{5}{2} \dfrac{\mu_k g \Delta t}{r} \right)$$

即　$\Delta t = \dfrac{2}{7} \dfrac{\bar{v}}{\mu_k g}$

(b)　$\vec{\omega} = \dfrac{5}{2} \dfrac{\mu_k g}{r} \left(\dfrac{2}{7} \dfrac{\bar{v}}{\mu_k g} \right) = \dfrac{5}{7} \dfrac{\bar{v}}{r}$ 順時針

$$\bar{v}' = r\omega = \dfrac{5}{7} \bar{v} \rightarrow$$

例 題 8–7

齒輪 A 之質量為 10 kg，轉動半徑 200 mm；齒輪 B 之質量為 3 kg，轉動半徑 80 mm。當系統為靜止時一大小為 6 N·m 之偶矩 $\vec{M}$ 施於齒輪 B，試求在摩擦不計的情況下：

(a)使齒輪 B 之轉速達到 600 rpm 所需之時間？

(b)齒輪 B 施於齒輪 A 之切線方向作用力？

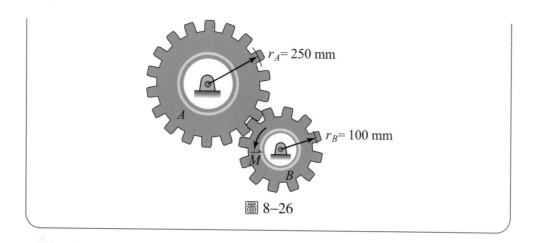

圖 8−26

解 由 (8−17) 式可得如圖 8−27 所示之齒輪 A 及 B 之衝量與動量方程式。

$$0 \quad + \quad \vec{A}_x \Delta t \quad \vec{A}_y \Delta t \quad \vec{F} \Delta t \quad = \quad \bar{I}_A \, \vec{\omega}_A$$

(a)

$$0 \quad + \quad \vec{F} \Delta t \quad \vec{B}_x \Delta t \quad \vec{M} \Delta t \quad \vec{B}_y \Delta t \quad = \quad \bar{I}_B \, \vec{\omega}_B$$

(b)

圖 8−27

由 $\bar{I}_A = (10\ \text{kg})(0.2\ \text{m})^2 = 0.4\ \text{kg}\cdot\text{m}^2$

$\bar{I}_B = (3\ \text{kg})(0.08\ \text{m})^2 = 0.0192\ \text{kg}\cdot\text{m}^2$

$\omega_B = 600\ \text{rpm} = 62.8\ \text{rad/s}$

$\omega_A = \dfrac{r_B}{r_A}\omega_B = 25.1\ \text{rad/s}$

由圖 8–27(a)可得

$$0 - Fr_A\Delta t = -\bar{I}_A\omega_A$$

即 $F\Delta t(0.25\ \text{m}) = (0.4\ \text{kg}\cdot\text{m}^2)(25.1\ \text{rad/s})$

$F\Delta t = 40.2\ \text{N}\cdot\text{s}$

又由圖 8–27(b)可得

$$0 + M\Delta t - Fr_B\Delta t = \bar{I}_B\omega_B$$

即 $(6\ \text{N}\cdot\text{m})\Delta t - (40.2\ \text{N}\cdot\text{s})(0.1\ \text{m}) = (0.0192\ \text{kg}\cdot\text{m}^2)(62.8\ \text{rad/s})$

解得 $\Delta t = 0.871\ \text{s}$ ·· (a)

故齒輪 B 作用於齒輪 A 之切線方向作用力 $\vec{F}$ 為

$$\vec{F} = \frac{40.2}{\Delta t} = 46.2\ \text{N}\ \checkmark$$ ·································· (b)

例 題 8–8

如圖 8–28 所示之 A 及 B 兩圓盤質量分別為 5 kg 及 1.8 kg，若兩圓盤原先均為靜止且互相接觸之摩擦係數為 0.2，而一大小為 4 N·m 之偶矩 $\vec{M}$ 施於 A，作用之時間為 1.5 秒後移除，試求：

(a) A 與 B 之間是否有滑動產生？

(b) A 與 B 最後之角速度為何？

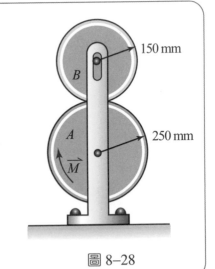

150 mm

250 mm

圖 8–28

$$0 \quad + \quad = $$

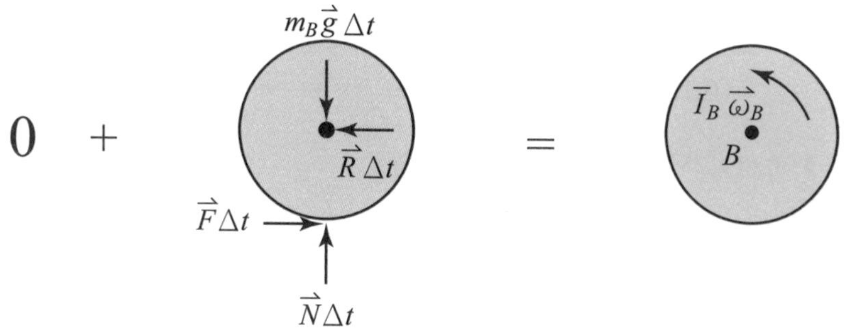

(a)

$$0 \quad + \quad = $$

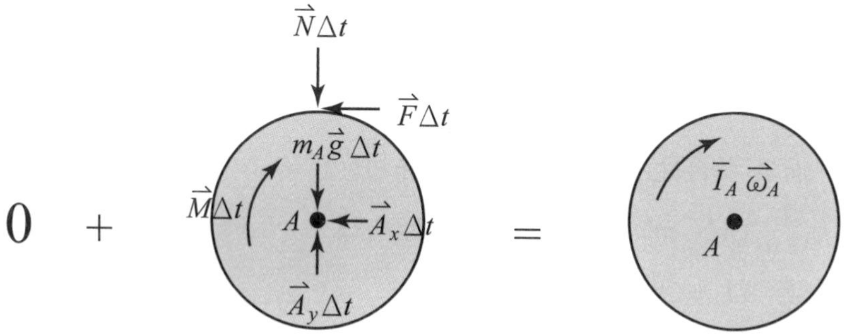

(b)

圖 8-29

由 $\quad \bar{I}_A = \dfrac{1}{2} m_A r_A^2 = \dfrac{1}{2}(5 \text{ kg})(0.25 \text{ m})^2 = 0.1562 \text{ kg} \cdot \text{m}^2$

$\quad\quad \bar{I}_B = \dfrac{1}{2} m_B r_B^2 = \dfrac{1}{2}(1.8 \text{ kg})(0.15 \text{ m})^2 = 0.02025 \text{ kg} \cdot \text{m}^2$

(a)先假設滑動並未產生，則

$$r_A \omega_A = r_B \omega_B$$

故 $\quad \omega_A = \dfrac{3}{5} \omega_B$

依圖 8-29(a)可得

$$0 + F r_B \Delta t = \bar{I}_B \omega_B$$

即 $\quad F(0.15 \text{ m})(1.5 \text{ s}) = (0.02025 \text{ kg} \cdot \text{m}^2) \omega_B \cdots\cdots\cdots\cdots$ (1)

又依圖 8-29(b)可得

$$0 + M \Delta t - F r_A \Delta t = \bar{I}_A \omega_A$$

即　$(4 \text{ N}\cdot\text{m})(1.5 \text{ s}) - F(0.25 \text{ m})(1.5 \text{ s})$

$$= (0.1562 \text{ kg}\cdot\text{m}^2)(\frac{3}{5}\omega_B) \cdots\cdots\cdots\cdots\cdots\cdots\cdots (2)$$

聯立(1)(2)可求出 $F = 4.24 \text{ N}$，則

$$\mu = \frac{F}{N} = \frac{4.24}{1.8 \times 9.81} = 0.24 > 0.2 \text{ 故假設不成立！}$$

因此 A 與 B 之間有滑動產生！

(b)　$F = \mu N = 0.2(1.8 \text{ kg})(9.81 \text{ m/s}^2) = 3.532 \text{ N}$

由(1)可得

$$\vec{\omega}_B = \frac{(3.532 \text{ N})(0.15 \text{ m})(1.5 \text{ s})}{0.02025 \text{ kg}\cdot\text{m}^2} = 39.2 \text{ rad/s 逆時針}$$

而 A 之角速度可由圖 8–29(b)得到如下：

$$(4 \text{ N}\cdot\text{m})(1.5 \text{ s}) - (3.532 \text{ N})(0.25 \text{ m})(1.5 \text{ s}) = (0.1562 \text{ kg}\cdot\text{m}^2)\omega_A$$

故　$\vec{\omega}_A = 29.9 \text{ rad/s 順時針}$

習　題

11. 質量為 m 半徑為 r 之圓柱置於角落如圖 8–30 所示，假設最初之角速度為 $\vec{\omega}$，A 與 B 處之摩擦係數為 μ，試求出圓柱停止所需之時間？

12. 半徑為 r 之圓環依圖 8–31 所示之狀態由靜止被釋放，假設無滑動產生，試求：(a)中心點在 Δt 時間後之速度？　(b)避免滑動發生所需之摩擦係數為何？

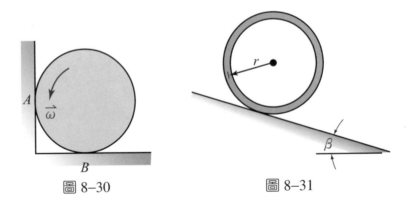

圖 8–30　　　　　　　　　　圖 8–31

13. 如圖 8–32 所示之均勻圓柱質量為 15 kg，最初為靜止，受到 125 N 之水平

力作用，假設無滑動發生，試求：

(a) 5 秒後質心 G 之速度為何？

(b) 避免滑動所需之摩擦力為何？

14. 半徑均為 r 之圓環及實心圓柱外圍以繩加以環繞，如圖 8–33(a)及(b)所示，

若均由靜止加以釋放，試求 Δt 時間後質心 G 之速度分別為何？

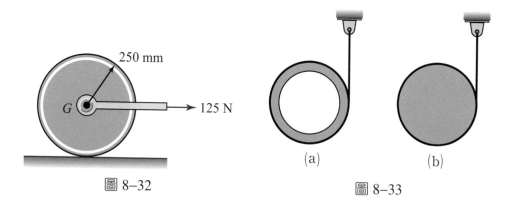

圖 8–32　　　　　　　　　　　圖 8–33

15. 一質量為 m 且半徑為 r 之圓球以圖 8–34 所示之速度投射於一水平面上，

若球與水平面間之摩擦係數為 μ_k，且圓球之最終狀態為靜止，

(a) 試以 $\bar{v}$ 及 r 表示所需之最初角速度 $\bar{\omega}$？

(b) 試以 $\bar{v}$ 及 μ_k 表示停止所需之時間？

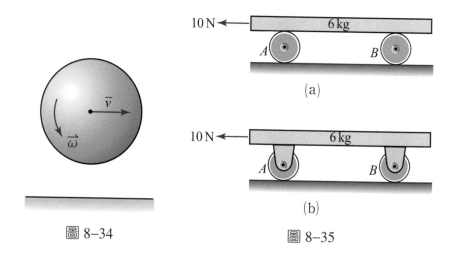

圖 8–34　　　　　　　　　　圖 8–35

16. 質量為 6 kg 之物體由兩個質量為 4 kg、半徑為 75 mm 之均勻圓盤支撐，如圖 8–35(a)及(b)所示，假設最初為靜止，且無滑動現象產生，試求 10 N 之水平力作用於物體上 2.5 秒後之速度分別為何？

■習題簡答

第一章

略

第二章

1.(a) 3 秒；(b) 116 m，-56 m/s；(c) 65 m　　2.(a) 384 m³/s²；(b) 13.86 m/s

3.(a) 3 m；(b) ∞　　4.(a) 173.3 m；(b) ∞　　5. 12 m，-4 m/s，20 m

6. $\sqrt{2gR}$　　7.(a) 120 mm/s 向上；(b) 120 mm/s 向下

8.(a) 200 mm/s 向右；(b) 400 mm/s 向左；(c) 300 mm/s 向左

9.(a) 450 mm/s 向右；(b) 600 mm/s 向右；(c) 150 mm/s 向右；(d) 300 mm/s 向左

10. 3.81 m/s 向上　　11. 1.2 m/s 向下，0.512 m/s² 向下　　12. $\sqrt{c^2 + \pi^2 R^2}$，$\pi^2 R$

13. 0.398 m/s，3.98 m/s　　14. 2.22 m/s ∠34.2°，2.22 m/s ∠34.2°

15. 64.59 mm/s ∠38.26°，96.59 mm/s ∠15°　　16.(a) 79.6 m；(b) 40.8 m

17. 27400 km/h　　18. $b\sec^2\theta\dot\theta$　　19. $\dfrac{b}{\theta^2}\sqrt{1+\theta^2}\,\dot\theta$，$\dfrac{b}{\theta^3}\sqrt{4+\theta^4}\,\dot\theta^2$

20. $e^{b\theta}\sqrt{1+b^2}\,\dot\theta$，$(1+b^2)\dot\theta^2 e^{b\theta}$

第三章

1.(a) 4.286 m/s²；(b) 213 N　　2.(a) 0.755 m/s² ↓，2.264 m/s² ↑；(b) 302 N

3.(a) 1.417 m/s² →；(b) 3.33 N　　4.(a) 6.08 m/s² ↑，3.04 m/s² →；(b) 31.78 N

5.(a) 12.84 N；(b) 0.803 m/s² →　　6.(a) 122.63 N；(b) 2.45 m/s²

7.(a) 1.96 m/s² ←，4.56 m/s² ←；(b) 2.60 m/s² →

8.(a) 6.82 m/s² ∠30°；(b) 5.90 m/s² →

9.(a) 2.49 m/s² ←；(b) 117.6 N；(c) 6.40 m/s² ∠25°

10.(a) 0；(b) 1.591 m/s² ∠15°　　11. 1.66 m/s，9.17 m/s²　　12. 12.044 m/s

13. 3.01 m/s ≤ v ≤ 3.96 m/s　　14. 24.64°　　15.(a) 71.31 km/hr；(b) 38.66°

16.(a) 6.928 m/s² ↑；(b) 8 N ∠60°；(c) 4 N ←

17.(a) 249.42 m/s² ∠30°，144 m/s² ∠30°；(b) 28.8 N ∠60°；(c) 0

第四章

1. (a) 4.43 m/s；(b) 147.15 N   2. (a) 4.3 m/s；(b) 103.67 N   3. (a) 2.74 m；(b) 7.08 m/s

4. 19.99 N   5. 45.9 N   6. 1.648 m/s，3.846 N   7. 0.424 m

8. (a) 5.12 m/s；(b) 5.695 m/s；(c) 4.20 m/s   9. (a) 2.491 m/s；(b) 19.9 N   10. $\dfrac{3}{5}\ell$

11. 6.325 m/s   12. (a) 3.266 m/s；(b) 104.92 N   13. (a) 11.33 m/s；(b) $-25\ \text{N}\ \vec{j} + 105.14\ \text{N}\ \vec{k}$

14. 317 N/m

第五章

1. (a) 4.93 m/s；(b) 1.408%   2. 反方向 2.5 m/s   3. 5.61 秒，89.13 N

4. (a) 0.5 m/s 向右；(b) 1875 N   5. 1.7 秒   6. (a) 4.81 m/s；(b) 3.32 N↗

7. 0.948 m/s，1.092 m/s，1.96 m/s   8. 3.497 m/s ∠60°，4.03 m/s ∠68.3°

9. 0.721v ∠16.1°，0.693v ←   10. 30.44°，76.18°   11. (a) 4.578 m/s；(b) 1.068 m

12. (a) 0.8；(b) 0.32   13. (a) 0.898 m；(b) 0.442%   14. (a) 0.03784 m；(b) 9.81 J

15. 2.4589 m   16. (a) 0.45 m/s；(b) 2.5 m/s², 0；(c) 2.8375 m/s²

17. (a) 0.928 m；(b) 4.31 m/s   18. $v_A = v\sin\theta$，$v_B = v\sin\theta\cos\theta$，$v_C = v\cos^2\theta$

19. 0.9901 m/s ←，1.4852 m/s →   20. 0.433v ╲30°，0.661v ∠19.1°，0

第六章

1. (a) 8 rad/s 順時針，20 rad/s² 順時針；(b) 2 m/s →，5 m/s² →；(c) 9.6 m/s² ↑；

   (d) 1.70 m/s ∠45°，12.95 m/s² ∠13.4°

2. (a) 15.7 rad/s 順時針；(b) 20.417 rad/s 順時針；(c) 17.616 m/s² ↓；(d) 32.406 m/s² ↓

3. (a) 240 rpm 順時針；(b) 133.33 rpm 逆時針

4. (a) 3.33 rad/s 逆時針；(b) 14.81 rad/s² 順時針；(c) 26.03 m/s ∠50.19°；

   (d) 185.15 m/s² ←

5. (a) 7.5 rad/s² 順時針；(b) 0.975 m/s² ↗67.4°

6. (a) 3.464 rad/s² 逆時針；(b) 520 mm/s² ╲30°

7. (a) $b\omega\cos\theta$；(b) $b\alpha\cos\theta - b\omega^2\sin\theta$ 8. (a) $-2\ell\omega\sin\theta$；(b) $-2\ell\alpha\sin\theta - 2\ell\omega^2\cos\theta$

9. (a) 4.5 m/s² →；(b) 14.04 m/s² ↗36.7°；(c) 14.91 m/s² ╲66.28°

10. (a) 2 rad/s 順時針；(b) 7.678 rad/s² 順時針；(c) 34.63 m/s² ╲2.48°

11.(a) 5.16 rad/s 順時針；(b) 20.92 rad/s^2 順時針

12. 1166.67 mm/s $\nearrow$51.79°，11432 mm/s^2 $\searrow$36.70°

13.(a) 10.9 m/s^2 ↑；(b) $-0.1\vec{i} + 10.8\vec{j}$ m/s^2；(c) 10.7 m/s^2 ↑

14.(a) $-200\vec{j}$ km/h，$900\vec{i} - 150\vec{j}$ km/h^2；(b) $194\vec{j}$ km/h，$-1491\vec{i} + 151\vec{j}$ km/h^2

第七章

1.(a) 12.26 N；(b) $\vec{A} = 3.9$ N →，$\vec{B} = 3.9$ N ←　　2. $\dfrac{2g}{r}\dfrac{\mu}{1+\mu}$ 順時針

3.(a) 4.09 m/s^2 →；(b) 42.5 N　　4.(a) 7.36 m/s^2 ←；(b) 3.51 m/s^2 ←；(c) 3.80 m/s^2 ←

5.(a) 5.89 m/s^2 ←；(b) 0.58 m $\le h \le 1.42$ m　　6. 6.978 N（壓力），12.64 N（壓力）

7. 18.36 N ↓，18.37 N ↓　　8. 1381 N ↑　　9.(a) 8.50 m/s^2 $\searrow$60°；(b) 35.14 N，13.91 N

10. 6.3727 rad/s^2 順時針　　11.(a) 19.32 rad/s^2 逆時針；(b) 2.1735 N$\nearrow$

12. 1582 N，1385 N　　13.(a) $\dfrac{2}{7}\dfrac{\omega r}{\mu_k g}$；(b) $\dfrac{2}{7}\omega r$ →，$\dfrac{2}{7}\omega$ 順時針

14.(a) 107.1 rad/s^2 順時針；(b) $-21.4\vec{i} + 39.2\vec{j}$ N

15.(a) 20.55 rad/s^2 順時針；(b) $-48.27\vec{i} + 39.3\vec{j}$ N　　16.(a) 219.1 N；(b) $40.1\vec{i} + 162.9\vec{j}$ N

17.(a) $\dfrac{3}{2}g$ ↓；(b) $\dfrac{W}{4}$ ↑　　18.(a) 3.53 rad/s^2 順時針；(b) 176.6 N；(c) 358 N ↑

19.(a) 0.222 m/s^2 ←；(b) 0.111 m/s^2 ←　　20.(a) $\dfrac{2g}{3r}\sin\theta$ 順時針；(b) $\dfrac{2}{3}g\sin\theta$ $\searrow\theta$

21.(a) 1.244 rad/s^2 順時針；(b) 16.91 N →，50.973 N ↑；(c) 0.332

22.(a) 13.07 rad/s^2 順時針；(b) 12.074 N ↑

第八章

1. 0.964 m/s ↓，1.928 m/s ↑　　2. 212 N　　3. 6.67 圈　　4. $\sqrt{\dfrac{4gh}{3}}$

5.(a) $\sqrt{\dfrac{10}{7}g(R-r)(1-\cos\beta)}$；(b) $\dfrac{1}{7}mg(17 - 10\cos\beta)$　　6.(a) 1.155 m/s；(b) 0.816 m/s

7.(a) $\dfrac{3g}{L}$ 順時針；(b) 2.5W ↑　　8. 6.979 rad/s 順時針　　9. 1.543 m/s ←

10. 3.481 m/s →　　11. $\dfrac{1+\mu^2}{\mu+\mu^2}\dfrac{r\omega}{2g}$　　12.(a) $\dfrac{g}{2}\sin\beta\Delta t$；(b) $\dfrac{1}{2}\tan\beta$

13.(a) 27.78 m/s →；(b) 41.67 N ←　　14.(a) $\dfrac{1}{2}g\Delta t$；(b) $\dfrac{2}{3}g\Delta t$

15.(a) $\dfrac{5}{2}\dfrac{\bar{v}}{r}$ 逆時針； (b) $\dfrac{\bar{v}}{\mu_k g}$ 16.(a) 2.778 m/s ←； (b) 1.3889 m/s ←

名詞索引

智慧新世界　　圖靈所沒有預料到的人工智慧

辨識一張圖片居然比訓練出 AlphaGo 還要難？！
AI 不止可以下棋，還能做法律諮詢？！
AI 也能當個稱職的批踢踢鄉民？！

這本書收錄臺大科學教育發展中心「探索基礎科學講座」的演說內容，主題圍繞「人工智慧」，將從機器學習、資料探勘、自然語言處理及電腦視覺重點切入，並重磅推出「AI 嘉年華」，深入淺出人工智慧的基礎理論、方法、技術與應用，且看人工智慧將如何翻轉我們的社會，帶領我們前往智慧新世界。

主編：
林守德、高涌泉

破解動物忍術　　如何水上行走與飛簷走壁？
動物運動與未來的機器人

水黽如何在水上行走？蚊子為什麼不會被雨滴砸死？
哺乳動物的排尿時間都是 21 秒？死魚竟然還能夠游泳？

讓搞笑諾貝爾獎得主胡立德告訴你，這些看似怪異荒誕的研究主題也是嚴謹的科學！

★《富比士》雜誌 2018 年 12 本最好的生物類圖書選書
★《自然》、《科學》等國際期刊編輯盛讚

從亞特蘭大動物園到新加坡的雨林，隨著科學家們上天下地與動物們打交道，探究動物運動背後的原理，從發現問題、設計實驗，直到謎底解開，喊出「啊哈！」的驚喜時刻。想要探討動物排尿的時間得先練習接住狗尿、想要研究飛蛇的滑翔還要先攀登高塔？！意想不到的探索過程有如推理小說般層層推進、精采刺激。還會進一步介紹科學家受到動物運動啟發設計出的各種仿生機器人。

作者：
胡立德（David L. Hu）

譯者：羅亞琪
審訂：紀凱容

國家圖書館出版品預行編目資料

應用力學：動力學／金佩傑著.――初版三刷.――
臺北市：三民，2021
面；　公分.――（新世紀科技叢書）

ISBN 978-957-14-4200-6 （平裝）
1. 應用動力學

440.133　　　　　　　　　　　　　94000505

應用力學──動力學

作　　　者	金佩傑
發 行 人	劉振強
出 版 者	三民書局股份有限公司
地　　　址	臺北市復興北路 386 號 (復北門市)
	臺北市重慶南路一段 61 號 (重南門市)
電　　　話	(02)25006600
網　　　址	三民網路書店 https://www.sanmin.com.tw
出版日期	初版一刷 2005 年 2 月
	初版三刷 2021 年 4 月
書籍編號	S444670
I S B N	978-957-14-4200-6

三民書局